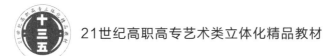

21世纪高职高专艺术类立体化精品教材

INTERACTION DESIGN
CREATING AN EFFICIENT USER EXPERIENCE

交互设计
创造高效用户体验

夏孟娜 编著

U0396513

华南理工大学出版社
SOUTH CHINA UNIVERSITY OF TECHNOLOGY PRESS

·广州·

图书在版编目（CIP）数据

交互设计：创造高效用户体验/夏孟娜编著. —广州：华南理工大学出版社，2018.3（2020.1 重印）

ISBN 978 - 7 - 5623 - 5425 - 3

Ⅰ. ①交… Ⅱ. ①夏… Ⅲ. ①人 - 机系统 - 系统设计 - 研究 Ⅳ. ①TP11

中国版本图书馆 CIP 数据核字（2017）第 249183 号

JIAOHU SHEJI：CHUANGZAO GAOXIAO YONGHU TIYAN

交互设计：创造高效用户体验

夏孟娜 编著

出 版 人：卢家明

出版发行：华南理工大学出版社

（广州五山华南理工大学 17 号楼，邮编 510640）

http://www.scutpress.com.cn E-mail：scutc13@scut.edu.cn

营销部电话：020 - 87113487 87111048（传真）

策划编辑：王 磊

责任编辑：陈 尤 王 磊

印 刷 者：佛山市浩文彩色印刷有限公司

开 本：787mm×1092mm 1/16 印张：9.25 字数：152 千

版 次：2018 年 3 月第 1 版 2020 年 1 月第 2 次印刷

定 价：32.00 元

前 言
Preface

近几年，"交互设计"已经逐渐深入到工业企业和互联网行业中，使交互产品拥有更流畅、更易操作和更美观实用的交互界面，给用户带来更愉悦轻松的产品体验。在实践中，通过交互设计创建优秀的用户体验，渐渐成为企业从激烈的商业竞争中脱颖而出的重要手段和推广方式，这也使用户体验设计变得更具战略意义。然而，学习并应用交互设计是具有一定挑战性的，这是因为交互设计涉及大量的认知心理学知识和用户行为模式分析，对于设计师而言，需要付出较大的学习成本；同时，交互设计区别于传统的产品设计、平面设计，它更注重用户目标和行为。本书系统地介绍了交互设计理论基础，以及在某些设计项目领域的实际问题及其解决方法，并配有完整真实的应用案例，使读者能深入理解交互设计的理念，掌握好各种设计方法和应用技能，最终帮助读者提升设计能力。此外，笔者从事高校教学工作多年，先后完成了企业产品设计专项课题、互联网购物平台项目等多项与交互设计紧密相关的课题研究，积累了丰富的实践研究成果，为本书的写作奠定了坚实的基础。

交互设计的目标是创造用户体验价值，但什么是"体验"？本书尝试用情感评价理论解释"体验"在个体适应环境和自然选择中的意义，提出了"体验"的BCE（代价、回报和期望）分析模型，在此基础上，探讨了自然人机交互和界面美学的本质。把一个形而上的"用户体验"概念，变成一个在实际操作层面上可以明确把握的变量和原则。在理论分析基础上，逐步深入地介绍了交互设计微观层面的操作技巧和知识点，如视频草图、体验原型制作和用户界面的设计等对用户体验的模拟和实证研究手段，并有选择地介绍了人机交互和设计领域一些研究者的相关理论和方法。

本书内容包括交互设计学科、以人为本的交互体验、用户研究分析、交互设计原则、交互设计流程与界面设计、原型设计、设计评估、界面设计案例解析，以及前沿的可用性测评研究和交互设计创新研究等。重点介绍需求信息的获取、原型设计、交互设计模式使用、界面细节设计等交互设计理论的实践和应用，并提供了大量的典型示例和设计建议。

本书在编写过程中得到了法国巴黎 Autograf 高等艺术设计学院交互设计专业的 Nathalie 教授和 Pierre 教授的大力支持和帮助，其他同仁也参与了本书的编排和资料整理工作，在此一并致谢！

由于水平有限，书中难免存在错误和不足，敬请读者指正。

目录

Contents

1

第1章

交互设计学科

1.1　交互设计概述

交互设计（interaction design，缩写 IxD），又称"互动设计"，是定义与产品的行为和使用密切相关的产品形式，预测产品的使用如何影响产品与用户的关系，用户对产品的理解以及探索产品、人和物质、文化、历史之间的对话的一门学科。交互设计作为一门关注交互体验的新学科，产生于 20 世纪80 年代，它由 IDEO 的创始人比尔·莫格里吉（Bill Moggridge）在 1984 年提出。一开始他将交互设计命名为"软面（soft face）"，由于这个名字容易让人想起当时比较流行的玩具"椰菜娃娃（cabbage patch doll）"，所以后来他将其更名为"interaction design"，即交互设计。

交互设计师首先要进行用户研究以及挖掘潜在用户，再设计产品，并从有效性、可用性和情感因素等方面来综合评估产品设计质量。

交互设计是一种让产品易用、有效，且让用户愉悦的交互技术。它致力于了解目标用户和他们的期望，了解用户在与产品交互时的行为，了解

"人"本身的心理和行为特点；同时，还了解各种有效的交互方式，并对它们进行强化和扩充。交互设计涉及多个学科，需要和多重领域、多重背景的人员沟通。通过对产品的界面和行为进行交互设计，在产品和它的使用者之间建立一种有机关系，从而达到使用者的目标。这就是交互设计的目的。所有交互设计必须反映产品的核心功能、工作原理、可能的操作方法，并能反馈产品在某一特定时刻的交互状态。

交互设计是一门随着信息技术的发展而出现的新兴的交叉学科，包括工业设计、平面设计、人机交互、认知心理学、时尚文化、计算机科学与技术、管理学、人类学、社会与传媒学等。交互设计的对象已经涉及计算机软件、工业产品、移动设备、公共环境、服务、交通系统以及系统的组织结构等。随着科技、文化、社会的发展，交互设计还将不断衍生出新的内涵和发展方向。

人工制成的物品被称为人造物，如计算机、软件、移动产品、人工环境、服务装置以及系统的组织结构。而交互设计主要定义人造物的行为方式及设计相关的用户界面。交互设计在任何的人造物的设计和制作过程中都是必不可少的，区别只在于有意识和无意识。

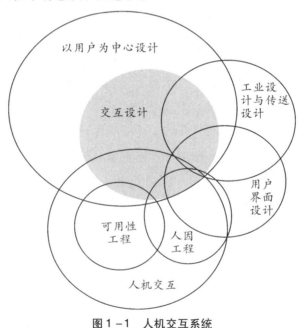

图1-1　人机交互系统

2

人机交互系统（human-computer interaction，HCI）是人与机器之间建立的相互理解的交流与对话功能。交互设计是围绕人机交互的主要现象进行研究的一门技术科学（图 1-1）。狭义地讲，人机交互技术是研究人与计算机之间的信息交换，主要包括人传给计算机和计算机传给人这两部分。人们可以借助键盘、鼠标、操纵杆、眼动跟踪器、位置跟踪器、数据手套、压力笔等设备，用手、脚、眼睛、身体的动作或姿势甚至脑电波等向计算机传递信息。同时，计算机通过打印机、绘图仪、显示器、音箱等输出或显示设备给人提供信息。人机交互与计算机科学、人体工程学、多媒体技术、虚拟现实技术、认知心理学、社会学以及人类学等诸多学科领域有密切的联系。其中，认知心理学与人体工程学是人机交互技术的理论基础，而多媒体技术和虚拟现实技术与人机交互技术相互交叉和渗透。作为信息技术的一个重要组成部分，人机交互将继续对信息技术的发展产生巨大的作用和影响。

图 1-2　人机交互系统界面

1.2　交互设计的定义

交互设计是定义和设计人造物和系统的行为以及传达这种行为的外在元素。传统的设计学科主要是关注形式，而交互设计则是关注内容和内涵。交互设计是规划和描述事物的行为方式，然后建立传达这种行为的最有效形式。从用户角度来说，交互设计是一种让用户获得易用、有效且令人愉悦的产品的手段，它致力于了解目标用户和他们的期望，了解用户在与产品交互时彼此的行为，了解"人"本身的心理和行为特点。同时，还包括了解各种有效的交互方式，并对它们进行增强和扩充。交互设计涉及多个学科，需要和多重专业领域、多重背景的人员沟通。交互设计借鉴了传统设计、可用性工程学科的理论知识和技术，是一个具有独特方法论的综合交叉学科，具有一定的科学逻辑性。交互设计主要涉及以下相关学科知识：①定义与产品的行为和使用密切相关的产品形式；②预测产品的使用如何影响产品与用户的关系，以及用户对产品的理解；③探索产品、人和物质设计、文化、历史之间的对话。

交互设计的目的是通过设计改善产品的有效性、易用性和舒适性，主要研究如何让产品简单易用、方便有效，且让人在使用的过程中感到愉悦和舒适。

交互设计将越来越多地着眼于促进使用者和产品之间的交流而非仅关注产品外观，这种交流正是通过用户与产品的交互行为进行的。交互设计强调的是用户与产品系统的交互行为，是对用户行为的设计。从本质上看，交互设计也是一种统筹设计，它是由一组相互作用、相互依存的元素组成的整体。

1.3　交互设计师的素养、职业能力和岗位职责

　　交互设计的最终目标是解决复杂问题。交互设计师可通过业务学习获得且提升这方面能力。而成为一个优秀的交互设计师的充要条件是，具有对所设计项目的了解、分析、理解和驱动的能力。刚入职的设计师要学会从小需求入手，一方面是为了了解团队的工作规范，另一方面也是从小处着眼去窥探整个业务。自己做得不够好往往是因为没有把各种小需求串联起来，只是把它们当作一个独立的任务来看待。倘若只盯着眼前的工作，也许会去考虑用户体验、平台规范和业务功能，但是这也只算做好了一个小功能的设计，最多是入门的基本能力。有经验的设计师都懂得将自己的工作业务串起来。与各部门充分协调沟通，所有的内容都是为了一个更大的目标服务，这才是设计师真正能力的体现。交互设计的专业技能会比产品经理更加具体，包括工具的使用、交互准则的理解、逻辑与分析能力等。一个人的专业技能可支撑业务的开展，而业务又反过来提升专业技能。

　　交互准则的理解包含了系统组织和平台规范，如按钮的摆放或者表单的样式设计都需要考虑诸多因素：产品所在的系统平台是什么？这属于产品流程中的哪个环节？用户进入这个界面的场景和需求又是什么？这些问题都需要设计师细化并跟进。有的时候产品客户提出的需求表面上看很单一（比如客户要求在某个界面增添某种功能），但是仔细想想，交互设计和需求将会受到如下挑战：这个内容展示在这里是不是用户真正想要的？有没有数据支撑？信息直接平铺在页面里会不会太过繁杂而没有重点？完成这个功能之后要不要跳转去其他的界面？所以，设计师必须考虑周全，沉淀思维。很好地完成了基础需求设计，只是中等的水平。工作中想要完美，必须具备单点突破能力，尤其是对复杂业务的梳理、数据的解读等。一个优秀的设计师除了专业能力登峰造极以外，也需具备极强的团队沟通和协作能力。在大团队中带领

成员在复杂的业务环境中走向正确的方向是一件艰难的事，而在小团队中快速领导大家做出好的设计，也绝非易事。除了方向，设计师也需要控制效率，要知道什么东西是可以放弃的，明确核心目标是什么，要在专业设计领域具备一定的技能。

1.3.1　交互设计师需要具备的能力

（1）善于观察生活中的点点滴滴，有许多的奇思妙想。丰富的想象力和洞察力能够帮助设计师迅速构建个人的产品交互形态，有一定的审美能力能保证设计师的设计能被他人接受。

（2）逻辑能力。交互设计以逻辑思维为工具，逻辑能力尤其重要。

（3）保持阅读习惯，猎取专业知识。交互设计师需要具备专业且多元的知识体系，更需要对其他方面的信息资讯有敏锐的洞察力。

（4）熟悉其他工种的工作方式，比如熟悉代码结构，这样才能保证设计的可实现性。

（5）了解一些心理学和工程科学的知识，这样对于布局的合理性和易用性都有很大的帮助。

（6）对于接触的数据保持兴趣和敏感度，要能保持设计方案相对的方向正确性和趣味性，更要能在后期产品的更新迭代中做出最优的方案调整。

1.3.2　交互设计师在项目中的职能职责

（1）需求分析。把所收集的原始需求资料分类、整理且按照重要的优先级（可以按照金字塔模式罗列需求的优先级）排序。这个部分是为制作信息架构做准备。

（2）设计规划。制作信息架构，也就是用思维导图罗列功能。

（3）设计实施。画原型图、流程图，整理说明文档（原型设计文档、交互设计说明文档）。

（4）项目跟进。设计师和其他岗位人员的沟通能保证项目按照设计预期进行。

（5）成果检验。总结设计中的缺陷，更新软件。

1.4　人机交互技术的研究内容

人机交互技术的研究内容十分广泛，涵盖了建模、设计、评估等理论和方法以及在移动计算、虚拟现实等方面的应用研究与开发，在此列出几个主要的方向。

1.4.1　人机交互界面表示模型与设计方法

一个交互界面的好坏，直接影响到交互设计的成败。友好的人机交互界面的开发离不开好的交互模型与设计方法。因此，研究人机交互界面的表示模型与设计方法，是人机交互的重点研究内容之一。

1.4.2　可用性分析与评估

可用性是人机交互技术系统的重要内容，它关系到用户交互能否达到用户期待的目标，以及实现这一目标的有效性与便捷性。人机交互系统的可用性分析与评估的研究主要涉及支持可用性的设计原则和可用性的评估方法等。

1.4.3　多通道交互技术

在多通道交互中，用户可以使用语音、手势、眼神、表情等自然的交互方式与计算机系统进行通信。多通道交互主要研究多通道交互界面的显示模型、多通道交互界面的评估方法以及多通道信息的融合等。其中，多通道信息融合是多通道用户界面研究的重点和难点。认知与智能用户界面（recognition and intelligent user interface）、智能用户界面（intelligent user interface，IUI）的最终目标是使"人—机"交互和"人—人"交互一样自然、方便。上下文感知、眼动跟踪、手势识别、三维输入、语音识别、表情识别、手写识别、自然语言理解等都是认知与智能用户界面需要解决的重要问题。

1.4.4 虚拟环境

虚拟环境中的"以人为本"、自然和谐的人机交互理论和方法是虚拟现实的主要研究内容。通过研究视觉、听觉、触觉等多通道信息融合的理论和方法、协同交互技术以及三维交互技术等，建立具有高度真实感的虚拟环境，使人产生"身临其境"的感觉。移动界面设计（mobile and ubicomp）、移动计算（mobile computing）、普适计算（ubiquitous computing）等对人机交互技术提出了更高的要求，面向移动应用的界面设计问题已成为人机交互技术研究的一个重要应用领域。针对移动设备的便携性、位置不固定性和计算能力有限性以及无线网络的低带宽、高延迟等诸多的限制，移动界面的设计方法、移动界面可用性与评估原则、移动界面导航技术以及移动界面的实现技术和开发工具等，是当前的人机交互技术的研究热点。

1.5 交互技术和应用工具

交互技术及其应用信息技术的推广和发展为人类生产、生活带来了广泛而深刻的影响。交互设计为人们带来便捷、快乐的同时，也促进着人类社会信息技术的发展。作为信息技术的重要内容，交互技术比计算机硬件和软件技术的发展要滞后许多，已成为人类运用信息技术深入探索和认识客观世界的瓶颈。因此，交互技术已成为21世纪信息领域亟须解决的重大课题和当前信息产业竞争的一个焦点，全球已将交互技术作为一项重点研究的关键技术。例如，在美国21世纪信息技术计划中，将软件、人机交互、网络、高性能计算列为基础研究内容，美国国防关键技术计划也把交互技术列为软件技术发展的重要课题之一。在我国的高校、研究院、高新技术企业等机构，也将人机自然交互理论与方法作为信息技术中需要解决的关键科学问题。

作为一个交互设计师，选用合适的交互设计应用工具来快速完成原型绘制是一个重要的步骤。从早期的 Visio 到如今 Axure、OmniGraffle、Adobe Creative Suite 的普及，再加上在线工具 Balsamiq、LucidChart 或 Google Drive，思维导图工具 XMind、Mindmanager 或 MindNode，在不同的细分领域给了我们很多的选择。下面将介绍几款比较常用的应用工具。

1. Axure

Axure 号称是"互联网产品经理的标配工具"，国内有大量关于它的资料和讨论。其优势非常明显：其操作复杂度介于 KeyNote、PPT 和 Adobe 家族之间；拥有全套 Web 控件库，直接拖拽即可快速制作网站原型；丰富的动态面板可以用来模拟各种复杂的交互效果；导出 HTML 后可以更加准确地传达信息架构和实现页面跳转。其缺点是对移动产品原型支持不足，无法导出可在移动端演示的文件，只适合做信息结构和页面逻辑的展示；在对形状样式的处理上不够丰富，很多细节处理得不够好，做出来的线框图大多不够好看。

Axure RP 是一款产品原型设计工具。如果产品经理对产品原型、交互演示、原型细节设计等需求比较强烈，Axure RP 是非常不错的选择。它能让产品经理快速创建应用软件和基于 Web 的线框图、流程图、原型页面、交互页面以及规格说明文档。Axure RP 也是产品经理群体中目前用得最广泛的一款原型设计工具，其应用界面如图 1 - 3 所示。

图 1 -3　Axure RP 应用界面

2. OmniGraffle

OmniGraffle 作为 Mac 平台上很好的原型设计工具，除了用来绘制普通图表、树状结构图、流程图以及页面编排等，还可以用来规划电影剧本、绘制公司组织结构，甚至可作为演示文稿来展示一个项目。由于利用了很多 OS X 原生绘图属性，它在很多方面的表现都有 Visio 的影子。尽管它在 Web 交互上并不如 Axure，对移动平台的支持也不如"新星"（如 Briefs 和 Fluidui）的表现那么亮眼，但其以丰富的模板库、轻松愉悦的使用体验以及大量贴心的细节，战胜了其他竞争对手，成为设计师日常工作中常用的设计工具之一，其应用界面如图 1-4 所示。

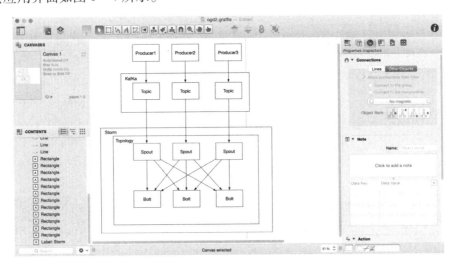

图 1 - 4　OmniGraffle 应用界面

OmniGraffle 其实是一款流程图工具。流程图都是图和线的排布，用 Adobe Illustrator、Sketch 画流程图，需要修改时整体会变得很混乱，线要重新画，版面要重新布置。而 OmniGraffle 专为流程逻辑而设计，移动图时线也随之移动，线的属性可更改，排版非常方便。图层的设计方便管理界面元素，明确了哪些元素是并列关系，哪些元素是父子集关系。交互的流程，功能的结构，组织的关系，凡是涉及关系逻辑的设计，OmniGraffle 都比其他设计软件更好用。

3. Principle

Principle 是刚上线不久的原型制作软件。操作界面和 Sketch 很像，通过不同交互手势将页面连接起来，最大的特点是可视化程度高。在 Sketch 中制作的高保真原型图可直接拖拽到 Principle 中，为图片自身和图片之间赋予交互，映像到手机上，用来汇报自己制作的原型非常方便。通过驱动程序也可制作出略复杂、带有条件语句的动画，但并不能和 Pixate、QC – Origami 相媲美。用 Principle 可以将手机连接到投影直接展示原型，其他手机安装 Principle 后，打开即可用邮件收到原型文件，评审更直观，省去了汇报过程中的很多文字描述。

4. Mockplus

Mockplus（摩客）——简洁高效的原型图设计工具，适合快速迭代的界面开发模式，功能强大，使用者无需学习即能快速上手，支持安卓、iOS、Windows、Mac OS 桌面程序和 Web 原型设计，其 Web 版和桌面版均可跨 Windows 和 Mac Os 操作系统使用。Mockplus 的审阅协作、无缝真机效果预览、模板管理、组件交互动画、素描风格等功能为独有创新，为设计师提供了优良体验。它可以直接实现设计和移动设备之间的通信，直接预览，不需要任何第三方设备。在设计过程中，设计者拿出手机就可以随时和 Mockplus 对接，将原型传递到移动设备，观察原型在移动设备中的真实状态。

以上几款软件已经能涵盖大多数的使用场景。在熟练掌握其中一个的基础上，不断尝试新工具不仅能加快设计节奏，更能加强对自身能力短板的了解。互相结合使用能让设计师的想法不受工具限制，帮助设计师成为全栈设计师。

第2章

以人为本的交互体验

2.1 如何理解"以人为本"

"以人为本"的设计理念是在20世纪60年代提出来的，主要涉及产品设计、环境与建筑设计、交互设计等方面。设计对象和领域的不同，具体的表现形式和执行方式也存在着不同，但其本质是有共同点的。"以人为本"的设计理念不仅与用户的切身利益息息相关，也关乎社会的发展和生态环境的可持续性。近几年来，人们对于人性化产品的需求不断增加，选择范围越来越广，要求越来越高，缺乏人性化的设计往往无法被大众所接受。随之而来的便是"以人为本"设计原则的普及。"以人为本"的设计内涵和设计方法也在不断发展和变化，把握及全面理解"以人为本"的设计理念，有助于设计师设计与人、社会、环境和谐共生的产品，并能更好地指导设计实践和设计方向。

设计出优质的、人性化的产品并不是件容易的事。厂商希望尽量降低成本，销售商希望产品能够吸引顾客。用户在商店采购时，会注重产品的价格、外观和品牌，但在家中使用这些产品时，则会更在乎产品的功能和效果。而维修人员所关心的则是产品拆装、检查和维修的难易程度。与产品打交道的各方有着不同的需求，这些需求还经常相互冲突。即便如此，设计师也要努力追求让各方都能满意的结果。设计的本质就是为用户解决问题、创造价值。以人为本，为用户创造价值是最重要的。

2.1.1　设计之本——用户体验

用户体验目标，即用户想要感受什么。影响用户体验目标的因素可归为效率、成本、价值和意愿。用户体验是以用户为中心的一种设计手段，强调设计某种产品的目的是为用户服务，而不仅仅是实现某些功能。用户需求作为产品设计的核心指导整个设计过程。

用户体验目标体现了产品的非物质属性（图 2 - 1），包括令人满意、令人愉快、好玩有趣、娱乐性、有帮助、富有启发性、成就感、有美感等方面。

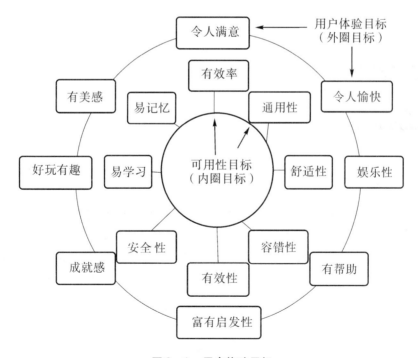

图 2 - 1　用户体验目标

用户体验目标是交互设计师所追求的重要目标，而衡量用户体验主要从品牌（branding）、适用性（usability）、功能性（functionality）和内容（content）四个元素入手。这四项元素相辅相成，缺一不可（图2-2）。用户体验设计处理的问题涉及用户与产品交互时的所有方面，即如何理解、学习和使用产品。用户体验贯穿设计与开发的整个过程，每个环节都要考虑用户体验。

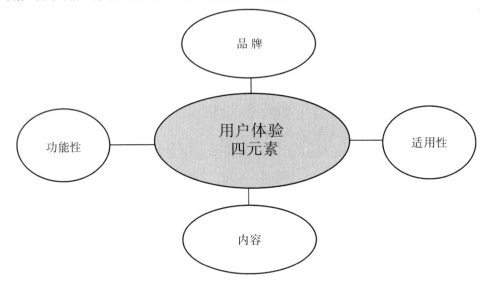

图2-2　用户体验四元素

设计的目标是要满足用户的需求，因而对用户需求的调查和分析是设计的第一步。在三星公司的设计中心，工作人员会请普通消费者将几大袋食品装进冰箱，设计师记录下各种食品所摆放的位置，从而设计出符合消费者生活方式的各种规格的产品。因此，设计的内容首先是满足用户的功能需要，让用户在体验产品的过程中感到轻松舒适，并最终让品牌深入消费者群体中。三星公司所推崇的用户研究方法也值得关注，其不仅仅是观察人们的一举一动，还去挖掘人们这样做的最初动因。设计除了在交互产品与用户之间充当实际存在的联系纽带之外，还应该是品牌价值意义的载体。

在ZIBA总裁梭罗·凡史杰看来，设计伟大的产品是建立联系的过程：与人们的需求建立联系，与人们的期望建立联系，与他们的文化和所处的世界观建立联系，有的时候还能帮助人们在他们的情感和自我之间建立联系。这常常被视为品牌的领域，但它也是设计能够发挥效能的地方。产品与客户的交互方式、客户每一次和企业接触的体验——这些都是设计的领地。

2.1.2 交互系统

交互系统是由人、人的行为、产品使用时的场景和产品中融合的技术以及最终完成的产品五个基本元素组成的系统（图 2-3）。

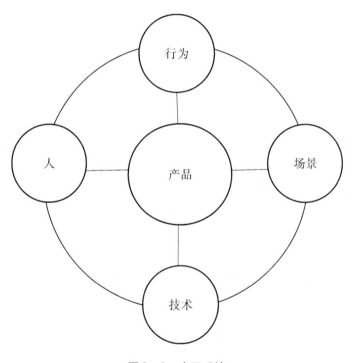

图 2-3 交互系统

（1）人。指在系统中与产品进行互动的对象，即用户。

（2）行为。指人使用产品在交互系统环境中的动作行为和产品的反馈行为。产品支持的行为主要是由产品的功能决定的。

（3）场景。指在交互系统中行为发生时的周围环境。行为与场景密切相关，交互系统中的场景可分为物质场景和非物质场景两大类。

（4）技术。指支持交互行为和实现产品功能所需的技术，包括硬件技术和软件技术。

（5）产品。指在系统中为用户提供服务的物体。

这五项系统元素将构建出完美的交互体系，达到用户所追求的交互体验的目标。

2.1.3　交互的主体——用户

1．用户类型与界定

主要用户：经常使用产品的用户。

次要用户：偶尔使用或通过他人间接使用产品的用户。

三级用户：购买产品的相关决策人员和管理者等。

2．用户的具体化——人物角色

角色（personas）是指根据用户的目标和特征定义的实际用户的原型。目标用户越多，偏移目标的可能性就越大。如果想得到50%的产品满意度，不能追求让一大批用户中的50%对产品满意来达到这个目标，只能通过分离出50%的对交互产品有100%满意度的用户来达到目标。因此，瞄准10%的市场，使目标用户成为产品的狂热追随者就能获取最大的成功。

2.2　交互设计与认知心理学

认知心理学是一门研究人的认知及行为背后的心智处理（包括思维、决定、推理、一些动机、情感的程度）的心理学科。这门学科包括了广泛的研究领域，旨在研究记忆、注意力、感知、知识表征、推理、创造力及问题解决的运作，对人类认知、情感、记忆等各方面的规律进行深入探讨。许多结论都能对交互设计提供理论支持。

人的记忆其实是存在于头脑中的知识。假如研究人类如何记忆，如何提取、恢复信息，我们就会发现众多记忆的类别。目前对我们有用的有以下三类：①记忆任意性信息。这一类需要储存的信息本身没有什么意义，与其他已知信息也无特殊关系；②记忆相关联的信息。这类信息之间存在一定的联系或与其他已知信息相关联；③通过理解进行记忆。这类信息可以通过解释过程演绎而来，无需储存在记忆中。

人的知识和记忆的可靠是显而易见的。准确操作所需要的知识并没有完全储存在头脑中，而是一部分在头脑中，一部分来自外部世界的提示，还有一部分存在于外界限制因素之中。用户头脑中的知识虽然不精确，但却知道如何进行精确操作，其原因有以下四点：①信息储存于外部世界。我们所需要的绝大多数信息都储存于外部世界，储存在记忆中的信息与外界信息相结合，影响着我们的行为；②无须拥有高度精确的知识。知识的精确性和完整性并不是正确行为的必要条件，所拥有的知识能够使人做出正确的选择就足够了；③存在自然限制条件。外部世界对人的行为有限制作用，正如物品的特性限定了操作方法。每件物品都有自身的物理特征，诸如凸起、凹陷、螺纹、带插件等，从而限制了它与其他物品的关系和可能的使用方法；④存在文化上的限制条件。自然限制条件之外还存在众多从社会中逐渐演变而来的、用于规范人类行为的惯例。要想明白这些文化惯例，必须经历一个学习过程，一经学会，便可适用于广泛的领域。例如，一款软件产品最先呈现给用户的是产品界面。良好的界面元素容易识别、易于理解、能够快速记忆。

由于这些自然和人为的限制条件，在某一情况下，可选择的方案也就大为减少，从而减少了需要储存在记忆中的知识的数量。在一般情况下，行为是由头脑中的知识、外部信息和限制因素共同决定的。人类习惯于利用这一事实，最大限度地减少必学知识的数量或是降低对这种知识的广度、深度和准确度的要求。人类甚至有意组织各种环境因素来支持自己的行为。例如，一些脑部受过创伤的人可以像正常人那样工作、生活，同事也觉察不出他们生理上的障碍；有阅读困难症的人经常可以蒙混过关，甚至可以从事那些需要阅读技能的工作。原因在于他们明白工作要求，可以效仿同事的一举一动，为自己创造出不需要阅读或是由同事代劳阅读的工作环境。这些特例同样可以说明普通情况下普通人的行为，只不过他们对外界的依赖程度有所不同。完成某一任务所需要的头脑中的知识和外界信息，孰多孰少，完全由个人来进行平衡和协调。

　　外在记忆也是储存于外界的知识（也被称为"外在知识"）。储存于外界的知识具有很高的价值。但它也有不足之处，它只存在于特定的情景之中，人们必须置身其中才能获得这种知识。外在记忆最重要、最有趣的一个功能就是提醒，它清楚地显示出头脑中的知识和外界知识的交互作用。正是由于人们需要被及时地提醒，才会出现闹钟、记事本、日历这类产品，各式各样的智能手表和备忘装置也开始问世。

　　在通常情况下，人们可以轻易地从外界获取信息。设计人员为用户提供了大量帮助记忆的方法。例如键盘上的字母、遥控器上的指示灯和标记等等，主要作用是辅助记忆，是用来提醒用户的。我们也常把要做的事写在纸条上，把物品放在特定的位置，以免忘记。总之，人们善于利用环境，从中获得大量的备忘信息。

第3章

用户研究分析

　　传统的设计学科主要关注产品的形式和外观。与之不同的是，交互设计首先关注的是行为方式的定义，然后描述传达这种行为的最有效形式。作为交互设计师，要想了解用户使用产品时的行为特点及习惯，一味地钻牛角尖是没有用的。设计师需要走出工作室，通过各种"明察暗访"的手段，直接或间接、正面或侧面地与用户进行广泛的接触，倾听用户的心声，探知用户的需求。用户研究分析包括用户调研和用户建模两个部分。本章主要讲解用户调研部分。设计人员参与用户调研，能够比心理专家、调研专家更加准确地知道哪些用户信息是重要的，哪些信息对设计方案会造成影响，并反映到用户模型中。

　　用户研究分析是为设计的产品创造良好用户体验的关键，是交互设计的重要基础。花时间规划用户研究，在开发周期的合适阶段采取恰当的调研方法和技术，最终将会令产品受益，同时能避免浪费时间和资源。在实验室里测试产品，可能会有大量数据，但不一定有价值。而开发过程早期的人种学访谈能够帮助交互设计师真正理解用户及其需求、动机。

3.1 用户调研方法

　　用户调研的方法有很多，如何对这些方法进行选择，应该视研究目标而定，仁者见仁，智者见智。但常用的方法有问卷调查法、观察法、情景调研法、可用性测试、眼动测试法、用户访谈、焦点小组访谈法等等。针对不同的交互产品，用户调研的方式也不相同。选择合适的研究方法，对于用户需求和用户目标的挖掘具有事半功倍的效果。

　　在交互设计越来越被互联网企业和设计师重视的今天，人们或许更能体会到设计的"精髓"。在当今的环境下，设计不仅仅是提供产品，还要提供让用户称心如意的产品。设计不仅是在"用户想要什么样的产品"的基础上去构想，更要弄明白"用户看起来想要什么样的产品"和"用户其实想要的是什么样的产品"的区别。用户调查研究适用于交互设计的每一个阶段，不管是需求探讨还是设计评估，都需要与用户进行深入的沟通交流。用户研究，需要透过用户的言行去了解他们内心最深处的需求。这些需要交互设计师始终保持以人为核心的设计理念和心态，挖掘用户的核心诉求。下面介绍几种常用的用户调研方法供大家参考和借鉴。

3.1.1 用户访谈（访谈法）

　　设计的主要关键点是用户（而不是经理或产品支持团队），他们是亲自使用产品来达成目标的人。如果要重新设计或改良现有产品，与现有用户和潜在用户之间的交流就显得尤为重要。潜在用户虽然目前并未使用产品，但若产品能够满足他们的需求，为他们创造价值，他们将来很有可能会使用，因此潜在用户属于产品的目标市场。与现有用户和潜在用户进行访谈，可以发现产品当前版本的体验对用户的行为和思维的影响。定期开展走访用户的活动，鼓励交互设计师持续地走近用户，并将用户的意见建议进行分析，能更多、有效地了解用户需求，从而优化产品。

产品如何适应用户的生活和工作流程？用户何时、何地、为何以及如何使用产品？这些都是需要交互设计师从用户访谈中了解掌握的。我们可以从以下几方面去分析：①用户角度的领域知识，即用户完成工作需要知道的信息；②当前任务和活动，包括现有产品需要完成和不能完成的；③用户使用产品的动机与期望；④心理模型，即用户对于工作、活动的看法以及对产品的期望。

对于现有产品存在的问题或不尽完美之处，访谈法是首选的解决手段。访谈法是指由研究人员依据调研要求和目标，与受访人员面对面进行交谈，有计划地收集资料的研究方法。研究人员与受访者直接接触并交谈，通过二者之间的有效互动来获取所需信息。访谈过程中，叙述者和倾听者的角色随时发生转变，但是访问人员主要还是倾听者，受访人员是叙述者。

与问卷调研形式不同，访谈法在访谈之前，访问人员要列出访问提纲，对访问的内容、方式都要有全面、深入的理解和规划。在访谈中，访问人员可以与受访者有更长时间、更深入的交流，可以通过面对面沟通、电话访问等方式与受访者直接进行交流。访谈法操作方便，可以深入地探索受访者的内心与看法，容易达到理想的效果，因此也是较为常用的用户研究方法。访谈法一般在调查对象较少的情况下采用，因此常与问卷调查法、测试法等其他方法结合使用。

根据不同的目的，访谈又可以分为结构式、完全开放式和半结构式访谈。

结构式访谈：访问人员抛出事先准备好的问题让受访者回答。为了达到最好的效果，访问人员必须有一个很清晰的目标，提出的问题也需要经过仔细推敲和琢磨。为了准备足够高质量的问题，可以列出所有问题让有经验的研究员评估，甚至有必要小范围地找用户做一轮预访谈。由于在结构式访谈中提出的问题都是固定的，所以回答也必须清晰。访问人员可以对比并分析不同受访者的答案，但很难有更深入的发现。

完全开放式访谈：访问人员和受访者就某个主题展开深入讨论。由于形式与回答的内容都是不固定的，所以受访者可以根据自己的想法进行全面回答或者简短回答。但需要注意的是，访问人员心中要有一个访谈计划和目标，尽量让谈话围绕着主题进行。有时，一些活跃的用户会提出新点子，访问人员需要控制访谈节奏，避免偏离主题。

半结构式访谈：半结构式访谈融合了结构式访谈和完全开放式访谈两种形式，也涵盖了固定式和开放式的问题。为了保持研究的一致性，访问人员需要有一个基本的提纲作为指导，以便让每一场访谈都可以契合主题。因此，访问人员在访谈之前认真地准备甚至学习一些访谈技巧是有必要的。以下是访问人员需要掌握的六点访谈技巧及注意事项：

（1）在访谈前做好充分的准备，包括明确目标和访谈对象、准备工具、明确地点和时间等；

（2）避免提有诱导性或暗示性的问题；

（3）避免提封闭性问题；

（4）避免使用专业术语（如"页卡""logo"等）；

（5）适当追问，关注更深层次的原因；

（6）营造良好的访谈氛围，注意语气、语调、表情、肢体语言。

3.1.2　用户深度访谈

用户深度访谈是研究人员与典型用户进行直接的、一对一的访谈，属于定性研究的方法。其访谈问题比一般访谈更为深入细致，比如挖掘用户对某一问题的潜在想法、动机及态度。深度访谈通常要持续半小时以上，所以舒适的访谈环境、访问人员的话语态度以及茶水零食的供给都是必不可少的。在访谈过程中，访问人员根据想要了解的内容将问题分成不同的类型，从简单到复杂、从对产品的基本感知到使用体验和改进建议，逐步地发问。主要根据访谈提纲提问，现场可以根据用户的回答拓展问题从而获得更多的信息，而这些有可能是访问人员事先疏漏的重要问题。

用户深度访谈的优点主要有：①更深入地探索受访者的内心思想与看法；②将身体语言与受访者直接联系起来；③信息交换更自由。

用户深度访谈的缺点主要有：①能够做深层访谈的有技巧的调查员一般是专家，需要有心理学或精神分析学的知识，薪酬很高，也难以找到；②调查的无结构性使得结果容易受调查员自身的影响，调研结果的质量及完整性也依赖于调查员的技巧；③获得的数据常常难以分析和解释，占用的时间和所花的经费较多。

　　用户和客户这两个概念容易被混淆。对于消费者来说，客户通常是用户；但在公司或技术领域，客户指购买产品的人，用户指使用产品的人。例如，对面向儿童、青少年的产品来说，客户就是父母或监护人，用户是儿童、青少年。对大多数企业、医疗或技术产品来说，客户通常是一名高管或 IT 经理，而用户是使用产品或药品的人。用户和客户有截然不同的目标。为了确保产品的可行性，理解客户及其目标同样非常重要。尽管客户和用户都是访谈对象，但他们对产品的观察角度不同，给产品的最终设计提供的反馈信息也有所不同。采访客户时，要了解以下内容：①购买产品的目的；②当前解决方案中遇到的难题；③购买正在设计的这类产品时的决策过程；④在安装、维护、管理产品时的角色；⑤产品所在领域相关的问题和词汇。

　　同主题专家一样，客户对于改进产品可能会有很多意见。分析这些意见背后存在的问题也非常重要，因为在设计过程后期，可能会产生更好、更完整的解决方案。

3.1.3　专家访谈法

　　专家访谈法是通过对某领域的专家进行访谈，有代表性地收集经验丰富的专家型用户的意见和想法的调研方法。在短时间内了解专家对将要进行设计的新领域的意见和想法，可以作为改进或者创新的参考依据。

　　访谈的专家应具有以下特征：

　　（1）一般应有 10 年以上的本专业工作经验，在某个产品领域的操作方面具有代表性，熟悉各种功能，能够全面熟练地完成各种任务，能够用捷径完成任务；

　　（2）具有计算机和本设计任务的全局性知识，了解行业情况，了解该产品的发展历史，能够评价和检验该产品；

　　（3）不仅熟悉一种产品，而且了解同类产品，能够进行横向比较，分析优缺点等；

　　（4）具有操作经验，有创新能力，考虑过如何改进设计。

　　专家访谈的主要目的有两点：一是使设计师能够尽快了解该行业全局情

况、发展情况，了解用户需要，了解该产品的研发过程、设计过程和制造方面的情况及问题（如何入门？如何做事情？有什么经验性的判断和结论？这个做法是否可行？大概会出现什么问题？有几分把握？）；二是由于专家用户有丰富的经验，可从专家访谈中掌握到可用性方面的系统经验。

以上两种方法各有其适用性，以创新为产品最终目的的，多采用面对面访谈的方式，以开放性问题为主；以改进用户体验为最终目的的，多采用度量问卷的方式，由专家评价和检验。

3.1.4　观察法

观察法是一种在特定目的指引下，有计划地对被试人群的语言、动作、表情等进行一系列的观察记录，从而判断被试者的行为习惯、心理、情绪状态的心理学研究方法。观察法需要综合各种具体方式和手段，灵活应对各种调研场景。大多数用户不能准确评估自己的行为，尤其是行为脱离人类活动范围时。由于害怕显得愚蠢、无能或缺乏礼貌，许多人不会谈论他们觉得有问题或难以理解的行为。

因此，如果在设计师希望了解的场景之外进行访谈，收集到的信息将会不完整和不精确。访谈时，可以与用户讨论他们对自身行为的看法，或者直接观察用户，后者效果更佳。或许，收集定性用户数据最有效的方式是将访谈和观察结合起来，允许设计师实时提问，直接询问观察到的情形。许多可用性问题和解决方案，多数是利用技术辅助手段，如通过录音或摄像来记录用户的言行，对音频、视频信息进行分析，可获得很多用户需求数据。不过，在摄录过程中采访者应切记，使用这些技术不要太过明显，否则用户会分神，或其表现会与没有被记录时有所不同。根据经验，一个笔记本和一台数码相机足以捕捉设计师需要的全部信息，同时不会损坏信息交流的真实性。通常只有在设计师觉得同受访者建立信任关系后，才会拿出数码相机，用来捕捉环境中一些难以速记的元素信息和对象。如果使用恰当，视频可以成为强有力的表现工具，用以说服利益相关者接受有争议或超出预料的研究结果。在一些不适合做笔记的场所（如在行驶的车中），视频也有用武之地。

对消费品而言，很难获得用户行为的真实画面，尤其是在户外或公共场合。在这种情况下，采取访问路人的方式来观察用户十分有效。这样设计团队就能够在公共场合轻松观察产品相关的用户行为。访问路人有助于理解传统企业商业相关行为，比如建设主题公园、博物馆等与特定环境有关的行为。

3.1.5　情景调查

情景调查可采用"师傅带徒弟"的调研模式，即将用户当成"师傅"，而访谈者是新的"徒弟"，"徒弟"观察"师傅"，提出与用户相关的问题。情景调查可根据人种学调查的四个基本原理来展开：

（1）情景。同用户交流和观察的地点尽量选在用户日常的工作环境，或是适合产品的物理环境，观察用户的行为活动，提出问题。在用户熟悉的环境中展开，有利于挖掘与他们行为相关的重要细节。

（2）伙伴关系。访谈和观察时，要采用合作方式探索用户，对用户工作的观察和产品的细节讨论可以交替进行。

（3）解读。设计师大部分工作是研究收集到的用户行为、环境信息和谈话内容，进行综合分析，解读信息。不过，访谈者必须谨慎，要避免没经过用户证实而做出主观臆测。

（4）焦点。设计师应巧妙地引导用户进行访谈，而不是让访谈漫无边际，这有利于捕捉设计问题的相关数据。

3.1.6　问卷调查法

相信每个从事设计行业的人员对问卷调查法都十分熟悉，这是一种最普遍的用户调查方法。它的主要形式是一份经过精心设计的纸质表格或电子表格，用于收集和测量用户对调研对象的认知、态度和使用方式等内容。问卷调查法是大家非常熟悉且使用得最多的方法之一。它是以书面形式向特定人群提出问题，并要求被访者以书面或口头形式回答来进行信息搜集的一种方法。问卷可以同时在较大范围内让众多被访者填写，因此能在较短时间内搜集到大量的数据。与传统问卷调查方式相比，网络调查（PC 端网上问卷调查等）在组织实施、信息采集、信息处理、调查效果等方面具有明显的优势。网上问卷调查形式与传统纸质问卷调查的基本流程相似，最大的差异即是前者是通过优质便捷的网络资源发布及回收问卷，而后者需要调查者与调查对象面对面交流、发布及回收问卷。

但是，做好一份问卷并不容易，尤其是制定问卷目标、设计问题及文案都要求有一定的专业水准。在对调查问卷进行规划时，要选择对设计方案有直接影响的问题。在问卷设置阶段，要考虑问卷结构、问题设置的一般原则，并注意控制问卷的长度等。设计问卷，首先要明确问卷调查法的目标及适用范围。我们经常看到许多设计团队在使用问卷调查法后得到了许多不明确甚至相反的结论。从目标制定、方案设计、样本回收、数据统计分析到最后的结果输出，每个环节都需要严格把关。在研究开始时需要明确目标，确定哪些是问卷调查法可以解决的问题。比如研究用户对打车软件的使用习惯时，应该考虑如下问题：把什么样的用户列入调查范围？打车软件的范围包含哪些？仅限于出租车还是包含可顺便载客的私家车？是普通轿车还是高级轿车？涉及过去的使用经历还是现在的使用现状？是否受政策或者特殊福利的影响？

通常，问卷调查法的流程一般有10个环节需要设计师注意：

（1）设计好调查问卷的目的和内容。这一点也就是要明确相关的规定和信息。对那些直接参与设计的人员来讲，要详细地了解本项问卷的目的和内容，将问题条理化、具体化和可操作化。

（2）搜集相关的资料。要想把调查问卷设计好，在做问卷调查前还要做充足的准备。因为问卷调查不仅仅是答题和整理信息这样简单的事情，它还需要系统化，需要设计师在调查前做好各项准备工作，包括准备丰富的素材和研究问题的相关知识。

（3）掌握好调查问卷的类型。不一样的调查形式在调查中会得到不一样的结果。为此在调查时设计师要根据调查问卷的内容和要求，选择合适的调查问卷的类型。

（4）明确答题的主要内容及目标群体。在确立了答题的方法和类型后，设计师要根据具体要求细化答题内容。这是一个非常重要的环节。首先要明确利益相关者（即目标用户），因为目标用户是设计师进行调查的关键。对调查问卷相关内容进行划分、细化也是一项重要工作。

（5）把握答题的结构。如调查问卷是封闭性的还是开放性的。

（6）注意问题的措辞。文字要条理清楚、富有逻辑性，为此在对问题进行表述时一定要精准，使被调查者一看就能知道其关键所在。

（7）安排合理的次序。在设计时一定要对答案选项的次序进行合理的设计和安排。这里要说明的是，如果不是选择型答案，而是开放性的填写、回答调查问题，则需要对答案进行区间处理。

（8）确定调查问卷格式和版面。

（9）拟定调查问卷的初稿。

（10）制作调查问卷。

以上 10 个环节，缺一不可。要做好调查问卷且让问卷调查法发挥最大价值，确实有很多细节值得推敲。问卷调查法的准备和计划都非常重要，磨刀不误砍柴工。那么，如何设计调查问卷呢？以下是调查问卷设计范例。

网站用户调查问卷

尊敬的用户，您好！感谢您抽出宝贵的时间参与本次调查。您的答案和意见对我们网站很重要，请您认真填写问卷，谢谢。

1. 您使用该网站有多久了？

　□不到 1 年　　　□1 至 3 年　　　　　□不清楚

2. 您上网的频率。

　□每天　　　　　□每周一次

　□一个月一次　　□一个月以上一次

3. （多选）您喜欢的网页界面设计的风格。

　□简洁明了　　　□清新自然

　□内容丰富　　　□个性十足

　□温暖亲切　　　□其他

4. （多选）网页设计有哪些因素是重要的？

　□字体　　　　　□页面整体色调

　□页面布局　　　□内容

　□功能　　　　　□其他

5. 使用页面进行搜索时，您是否能快速找到自己想要的信息？

　□是　　　　　　□否

6. （多选）不能很快找到有效信息的主要原因是什么？

☐网站规划不合理，主辅菜单不清晰

☐网站建设导向不明确

☐图标标识不明确，无文字说明

☐菜单层次过多，有效信息层次太深

☐栏目设置不合理

☐其他

7. 您认为页面搜索结果该怎样显示？

☐图片和搜索结果一起显示

☐只要文字性的搜索结果

☐更多条搜索结果

☐其他

8. 网站页面内容的传达是否清晰？

☐清晰　　　　　　☐一般　　　　　　☐不清晰

9. 网站响应是否迅速？

☐是　　　　　　☐否

10. 使用过程中是否会无缘无故地出错？

☐是　　　　　　☐否

11. （多选）您登录本网站常用的功能是什么？

☐业务办理　　☐软件下载　　☐行情交易　　☐浏览资讯　　☐在线咨询

☐查询金融产品信息　　　　☐其他

12. （多选）您觉得网站的栏目内容更新速度如何？

☐很及时，数量够多

☐比较及时，更新数量还行

☐不够及时，数量也比较少

13. 您对本网站的感觉是什么？

☐满意　　　　　　☐没感觉　　　　　　☐不满意

14. （多选）您认为，目前网站还存在哪些问题？

☐栏目设置有待规范　　　☐服务内容不够丰富和创新　　☐页面设计欠佳

☐服务对象仍需细化与清晰　☐业务办理不够便捷　　　　☐互动渠道欠缺

15. （多选）您希望从本网站获得哪些信息？

　　□公司相关介绍　　　□财经新闻，市场资讯　　□研究报告

　　□投资者教育信息　　□投资理财　　　　　　　□行情交易公告

16. 您对本网站有什么建议或者意见：＿＿＿＿＿＿＿＿＿＿＿＿＿＿＿

17. 您的年龄：＿＿＿＿＿岁

18. 您的最高学历

　　□高中　　　□大专　　　□本科　　　□硕士　　　□博士

　　□其他

19. 您所从事的行业：＿＿＿＿＿＿＿＿＿＿＿＿＿＿＿＿＿＿＿＿＿

20. 简单描述您的性格：＿＿＿＿＿＿＿＿＿＿＿＿＿＿＿＿＿＿＿＿

21. 简单描述您的生活习惯、爱好等：＿＿＿＿＿＿＿＿＿＿＿＿＿＿

3.1.7　焦点小组访谈法

　　焦点小组访谈法，又称小组座谈法，是用户研究项目中常见的研究方法之一，是一种非正式的访谈方式。它由一个有经验的主持人召集若干用户、领域专家、业余爱好者等一些能够从不同角度探究产品的人，就某些问题进行讨论。主持人要组织和引导整个流程并保证讨论到所有重要问题，避免离题。通过讨论，研究人员可以获知用户的看法与评价，为以后的设计提供启示。焦点小组访谈法属于定性研究的方法。依据群体动力学原理，一个焦点小组应由 5～10 人组成，在一名专业主持人的引导下，以一种无结构或半结构的访谈形式，对某一主题或观念进行深入讨论，从而获取相关问题的一些创造性见解。小组成员在研究人员关注的方面要具有相似性，以便获取需要的信息。焦点小组访谈法特别适用于探索性研究，通过了解用户的态度、行为、习惯、需求等，为产品设计收集创意、启发思路。

　　市场部门钟情于使用焦点小组访谈法收集到的用户数据。首先，一般参照之前确定的目标市场人群划分来确定代表性用户，之后设计师将这些用户聚集在一间房子里，询问一组结构化问题，并提供一组结构化的选项。这种会议会以视频或音频的形式记录，以供日后查询。

　　焦点小组的参与者是使用产品的典型用户。他们在进行活动时，可以按

事先定好的步骤讨论，也可以撇开步骤自由讨论，但前提是要有一个讨论主题。使用这种方法对主持人的经验及专业技能要求很高。他需要把握好小组讨论的节奏，同时激发思维，并处理一些突发情况等。

焦点小组访谈法有以下的几个方面需要注意：

（1）焦点小组不能为一个议题提供量的支持，但它能提供很多定性的证据，而且能够帮助设计人员对后面的调查提出问题；

（2）参加焦点小组的人数最好为 5～10 人，持续时间最好为 60～90 分钟；

（3）焦点小组访谈法依赖于一个有经验的主持人，因此主持人需要提前写好讨论指南；

（4）如果可以的话，最好对焦点小组讨论的过程录音或录像，以便研究人员进行定性的数据分析；

（5）焦点小组访谈法经常结合其他的研究方法一起使用，如调查、访谈，但是单独使用焦点小组访谈法也是可行的。

3.1.8 可用性测试

可用性测试是指在设计过程中被用来改善产品可用性的一系列方法。在典型的可用性测试中，用户研究员会根据测试目标设计一系列操作任务，通过 8～12 名用户完成这些任务的过程来观察用户实际使用产品的行为，尤其是发现这些用户遇到的问题及原因，最终达成测试目标。在测试完成后，用户研究员会针对问题所在，提出改进的建议。

可用性测试的过程主要有 7 个步骤：①测试前思考；②制作测试原型；③撰写测试脚本；④招募测试者；⑤设置测试环境；⑥预测；⑦正式测试以及测试结果统计分析。这 7 个步骤有些是可以并行的，有些是需要严格按照前后顺序执行的。

每个测试任务都对应一个目标，只有当用户达到目标之后，才算他们完成了任务。用户完成任务的情况如何，有多少用户最终没能完成任务，多少用户需要在主持人提示下完成任务，多少人可以自行完成任务，这些都是很重要的指标。

通过可用性测试能尽早地发现设计中存在的问题，再通过改进问题提高用户的满意度、忠诚度，降低用户使用的成本。可用性测试实施成本低，且易操作，因此被广泛采用。在可用性测试中也有访谈，但与前面介绍的用户访谈不同的是，可用性测试是先观察用户的操作，再通过访谈得到测试中问题的答案，重点关注现象背后的原因。

收集到用户需求后，需要将其转化为设计机会及功能点。可以利用一些方法梳理用户的行为，或是采取项目组成员天马行空的设计想法，保证需求的落地及固化。可用性测试将成为评判设计是否有效的高效工具，在目标导向设计研究过程的初期具有举足轻重的地位。

3.1.9　眼动测试法

对个体而言，外界信息的 80% ~ 90% 都是通过眼睛获取。眼动有一定的规律性，眼动测试就是通过眼动仪记录用户浏览页面时视线的移动过程及对不同板块的关注度。眼动仪通过记录角膜对红外线反射路径的变化，计算眼睛的运动过程，并推算出眼睛的注视位置。通过眼动测试可以了解用户的浏览行为，评估设计效果。

眼动仪可以帮助我们记录快速变化的眼睛的运动数据，同时可以绘制眼动轨迹图、热力图等，直观而全面地反映眼动的时空特征。眼动分析的核心数据指标包括停留时间、视线轨迹图、热力图、鼠标点击量、区块曝光率等，通过将定量指标与图表相结合，可以有效分析用户眼球运动的规律，尤其适用于评估设计效果。

在眼动测试过程中所呈现的热力图（图 3 - 1）中，可以看出参加实验的用户视线集中的区域分布，在红色区域用户看得最多，其次是黄色区域、紫色区域，没有颜色的区域代表没有用户浏览。视线轨迹图可以显示不同用户在浏览页面时是如何移动视线，每个颜色的圆圈代表一个用户，圆圈越多的区域表示浏览用户越多，圆圈越大，用户浏览越仔细。比如对一个资讯文章的页面进行眼动分析可以发现，版面有重点段落区隔，用户浏览视线有规律，说明这样的设计排版是合理的。

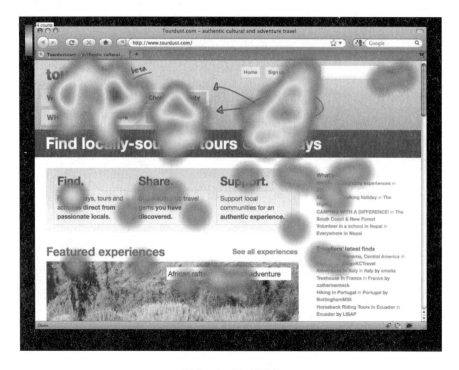

图 3-1　眼动测试

3.1.10　卡片分类法

　　卡片分类法（card sorting）是一种主要应用于互联网技术行业的调整信息架构的方法。通常作用于对界面导航或标签的分类方式与目标用户在对界面信息分类上的认知差异，从而发掘目标用户的心理和行为需求，展示用户的认知方式以及使用视角，提供可观察的用户心理模型，依据研究分析结果合理布局和设计互联网产品或者软件产品的信息架构。在交互界面设计前期和后期，主要用于产品的可用性测试。卡片分类能够帮助设计人员找到合适的信息组织方式，有助于进一步了解目标用户是如何看待类别和概念，了解他们和设计人员思维模式上的差异。卡片分类测试现场如图 3-2 所示。

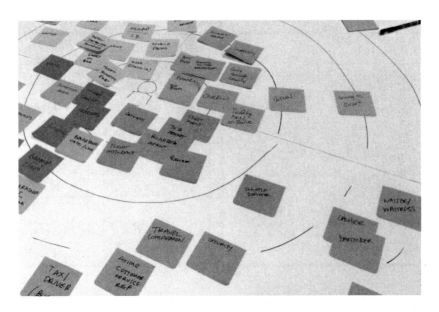

图 3 - 2　卡片分类测试现场

卡片分类法以用户为中心展开测试，专注提高系统的可发现性。分类过程包括将卡片分类，给予每一个标签内容或者功能，并最终将用户或测试用户的反馈进行整理归类，以便理解用户组织信息和概念的方式。尽管该方式还存在许多问题，但通常做法是要求用户对一叠卡片进行分类，每张卡片都包含关于网站或产品的一些功能或信息（图 3 - 3）。卡片分类法最棘手的是结果分析。通常通过探索趋势或者统计分析来揭示各种模式及其交互关联。卡片分类有助于理解用户心理模型的其他方面，但前提是用户必须具备一定的组织能力，并且默认抽象主题的分类与期望的产品使用方式之间存在一定的关联。克服上述问题的一种方法是让用户根据任务的完成情况，对卡片进行有序排列，设计师则依据这个排序通过产品功能设计来支持这些任务。另一种增强卡片分类研究效果的方式是事后交流，理解用户采用的分类方法，依据这些情况而进行信息架构的组织。

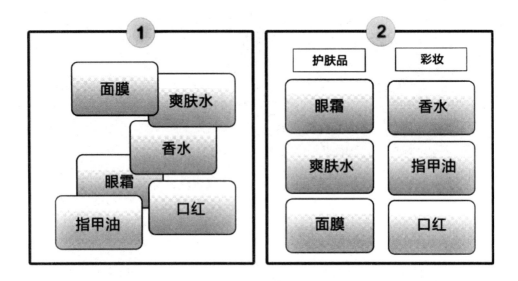

图 3-3 根据信息内容分类卡片类目示例

1. 交互设计与信息架构

信息架构在交互设计中扮演重要的角色。信息架构最初是从数据库设计领域中诞生出来的概念，是一个组织信息需求的高级蓝图，包括一个企业所使用的主要信息类别的独立人员、组织和技术文件。信息架构的主体对象是信息，它是对信息环境的结构化设计，搭建信息架构使得呈现的信息更加清晰。它的最终目的是帮助用户快速地找到想要的信息，搭建用户与信息之间的桥梁。信息架构的设计往往优于界面设计，明确了产品的功能逻辑及架构可为界面的控制设计及布局编排提供依据，如图 3-4 所示。

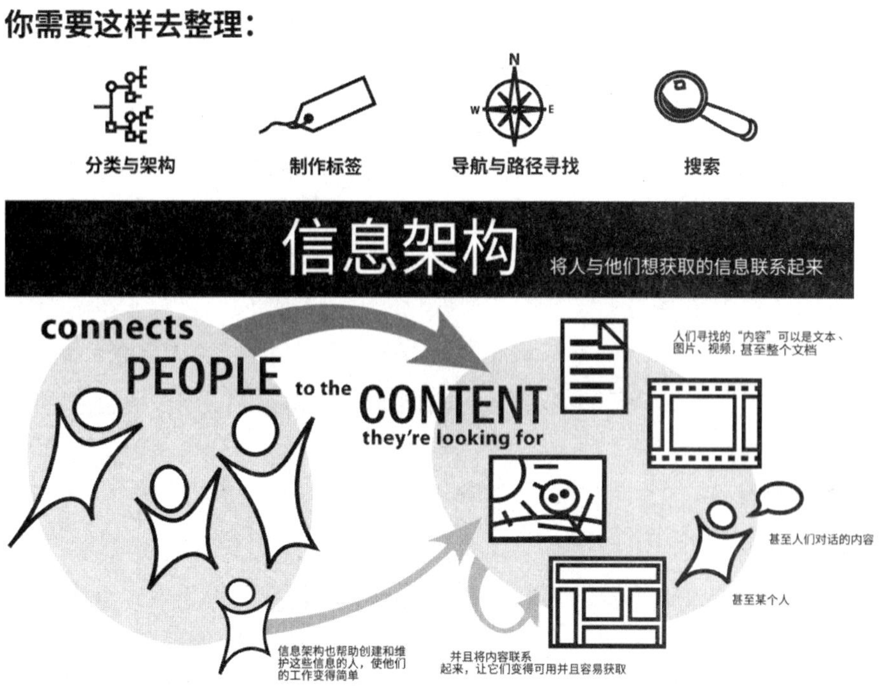

你需要这样去整理:

分类与架构　　　制作标签　　　导航与路径寻找　　　搜索

图 3-4　创建信息架构

　　信息架构指的是界面上如何组织信息，如何把信息归类在合适的类目。良好的信息架构有助于快速地获取用户需求信息，它能够使用户在一个复杂的界面中轻易找到所需内容的关键词汇。每一个交互产品架构都包括一套对应的词汇。为规范以后设计过程中对于功能的使用，这套词汇定义了所有信息关键节点、功能标签、导航形式等语义范围的用词，为避免复杂化，词汇的定义一旦确定后不得再更换。词汇的定义应该从用户的语义习惯和常用表达出发。一方面，由于搜索引擎用词在一定程度上反映了用户对某个词汇的熟悉程度或认同感，所以设计师可以通过常用关键热词分析来确定产品系统所用的词汇；另一方面，设计师可以将前期调研中用户使用或者提及的词汇收集起来形成一套词汇系统，利用卡片分类的方法招募用户测试，通过用户的反馈信息来判断词汇的准确度并加以修正。与用户相关的信息可以发展成为关键信息词汇，与使用流程相关的信息可以整理得出任务流程，使用产品

35

相关的词汇描述可以为组织信息架构提供依据。设计的每一个功能点、每一个流程都可以在卡片分类中找到相关的依据，最终帮助设计师确定最佳的界面功能布局、导航结构、色彩、内容，以及文本版块的安排等等。

在卡片分类之前，我们需要确定哪些词汇能作为卡片分类的信息来源。下面介绍几种常用方法。

（1）SEO（search engine optimization），即"搜索引擎优化"。这是热词分析里面一项很重要的工作。

（2）同义词圈联。即把一组相互间具有关联的词汇连接起来，以供搜索之用。事实上，这些词汇并不是真正的同义词，而是目标用户在搜索目标时可能用到的其他词汇。

（3）竞品分析。竞品分析也是获得相关词汇的重要方法之一。如果大部分竞品使用相同的词汇描述某一内容或产品，那么这个词汇就是大家普遍认同的词汇，则可以作为确定词汇；有差别的词汇则可以作为卡片分类的内容，为卡片分类提供词汇来源。

（4）访谈问卷。访谈问卷是前期调研常用的方法，和竞品分析类似，也是为卡片分类提供词源的一种方法；不同的是，它是直接从用户那里获得信息。

卡片上需要选择特定的内容，要同时有实际意义和代表性，能够体现研究的目的、关注的重点，以及所涉及的范围等。最好选择已有使用经验的用户，因为他们能够提供给研究人员更多有价值的信息。对于卡片分类法而言，最合适的参与人员是交互产品的最终目标用户。

2. 卡片分类的类型

卡片分类让用户将一叠载有产品或服务的代表性信息词汇的卡片进行分类以获知用户的使用习惯及期望。分析的结果可以帮助研究人员理解用户心理，并为信息架构设计提供依据。通常卡片分类有以下几种类型。

（1）开放式卡片分类。不用预先分组，参与者需要自己创建、划分组别并描述每个组别。开放式卡片分类适用于新建界面或者对已有产品界面的信息重新划分类别。

（2）封闭式卡片分类。有已经定义好的分组，参与者需要把卡片放入这些分组中。封闭式卡片分类适用于在已有分类结构中添加信息内容，或者在进行开放式卡片分类后再获取反馈信息。

（3）功能树式卡片分类（关键元素为功能）。主要用于整理卡片分类的结果。功能树从总体上描述系统的功能布局，展示不同的功能（如服务的需求、元素），在每一个分支上列出不同的模块。通过联合不同分支上的模块可以产生许多新的不同的功能概念。功能树的优点是简单直观，具有概括性，清晰地表现了交互系统的构成。它的缺点就是信息量小，不能表达功能模块之间复杂的交互关系。

3. 卡片分类法的优缺点分析

卡片分类法的优点主要有：快速并易于发现用户需求信息，组织活动简单方便且所需成本低，在任何初步设计之前就可以完成，有助于了解用户组织信息的方式，能发掘深层信息结构。每张卡片所提供的建议都来自用户的反馈，而不是一个设计师的直觉或强烈的个人意见，这对信息架构师或利益相关者来说，更容易理解、使用。但它并不是解开所有问题的万能钥匙，它也存在弊端。卡片分类法的缺点主要有：不考虑用户目标。卡片分类本质上是一种以内容为中心的技术，如果在使用时没有考虑用户目标，可能会导致整个信息架构并不适合用户使用。信息需求分析和行为目标分析是必要的，这样可以确保排列的内容可以满足用户需求，由此产生的信息架构能够完成用户的目标。但参加测试者提供的结果可能具有一致性，也有可能相差很大。卡片分类法虽然能够帮助设计师快速地分类，但是数据的分析却非常困难，也耗费时间，特别是在测试用户最后反馈的结果不一致的情况下。另外，测试用户可能并不会考虑内容是什么或如何使用它，可能只是通过表面特征进行排列，造成卡片分类法只能捕捉到"表面现象"。

4. 卡片分类法的执行步骤

卡片分类法就是将归类的信息写在卡片上，然后进行整理归类、数据分析及总结。具体执行步骤如图 3-5 所示。

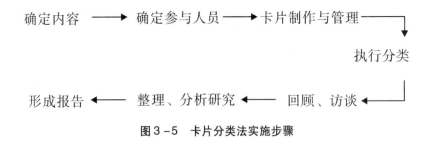

图 3-5　卡片分类法实施步骤

（1）准备内容。

由于目标界面的信息量较大，设计师在卡片分类开始之前便需要详细讨论。根据研究对象，拟定界面的初级框架，确定所有目标用户参与测试，确定主导航条的个数，并把主导航条的名称标识出来；同时还要创建二级菜单，以方便客户（代表目标用户意愿）明确当前界面的主要框架。

（2）卡片准备。

除了已经标识好的卡片，设计人员还准备了充足的空白卡片（便利贴），方便参与人员随时添加内容。卡片上的标签命名应尽量简洁明了，但同时须保证卡片的信息内容能被所有参与者理解。必要时，可在卡片上标注一段简短的描述来解释标签。

（3）执行过程。

首先，设计师向参与人员解释"卡片分类"的方法和要求，所制作好的卡片代表了界面的关键内容和相关功能，请参与人员根据自己的直觉将卡片放入不同的组别中。参与人员也可以拿起一张空白的卡片自行添加词汇（标签）。如果参与人员觉得卡片上的标签不是那么易于了解，也可以对它进行修改，但不要受到其他参与人员的影响。

在接下来的测试过程中，设计师与参与人员，以及其他在场人员都用心参与到回顾和访谈活动中。设计师从中了解用户对于该分类结果的思考过程以及困惑点，获得反馈信息。如果其中一名参与人员在过程中试图对他人进行选择上的引导，在旁的协助人员需对其进行轻声提醒，以保证执行过程的顺利进行。

当然，卡片分类不是一轮即可敲定，而需要反复多轮地进行，以获取最佳的信息框架。卡片分类执行过程需要注意以下几个方面：

　　经过第一轮的卡片分类，初步确定哪些卡片常常被放在一起、用户提出了哪些新的建议、哪些卡片被归类到多个组别中，以及测试过程中是否还有其他相关的卡片被提出来，等等。待稍作休息便可进入第二轮卡片分类。休息时，参与人员可以对刚刚的分类结果进行消化与反思，梳理好自己的想法，为下一轮卡片分类做准备。

　　在进行第二轮卡片分类之前，确定没有异议的卡片并归类，即界面框架的内容已经基本明确。在此基础上，对剩余的卡片进行再一次评审、补充、修改、整理，特别是卡片归类的细节化处理，并对新产生的子群进行标签命名。在第二轮卡片分类中，允许参与人员之间公开讨论，通过收集这些讨论和互相之间的质疑，设计师可以更好地揣测用户心理：不同的用户群之间有没有什么相似点？用户之间的需求有什么不同？因此，第二轮卡片分类对第一轮卡片分类得出的界面框架结构进行了一定的调整，将用户真正需要的内容保留了下来，并将这些内容进行更加细致深入的分类。

　　第三轮卡片分类并非只是对第二轮卡片分类的继续细化，而是对整个信息框架进行重新审视。设计师要注重对二级菜单的再调整，需要更多地考虑交互界面各部分内容的表现形式。此时应专注于用户目标和用户行为，而不仅仅只是在内容上。这一轮卡片分类结果很好地掌握了用户需求与解决方案。

　　5. 数据分析与总结

　　项目小组人员通过整理、分析研究，探讨并确认分类结果。之后绘制界面信息的整体架构草图，深入探讨目标用户对于交互界面的真正需求，并得出总结报告，为界面导航设计、功能菜单以及分类提供有用的帮助。

　　综上所述，卡片分类是一种简单、可靠并且成本低的收集用户需求和反馈信息的方法。它是在设计的初步阶段（或重新设计阶段）了解用户需求最有效的工具。它针对调研分析阶段的用户需求而收集到了大量的经验、知识、想法和意见等语言、文字资料。设计师依据直观上的联系性归纳整理这些资料，目的是明确用户需求，发现各个问题之间的联系，发掘设计机会。虽然它存在一些局限性，但在信息架构设计方面，能够捕捉到有用的关键信息来回答或解决问题，最终让交互产品变得简单易用。图 3-6 为根据卡片分类测试而设计出的汽车功能界面布局。

图3-6　汽车功能界面布局

3.2　用户分析

用户分析方法多种多样，掌握不同的分析方法能够使人从多个角度去分析目标用户的行为、习惯、偏好等。分析方法的使用要依据具体的产品来确定。灵活地选择调研方法，不但可以节约成本，减少人力、物力资源的消耗，还能够快速获得需要的数据和资料，为接下来的用户分析提供有力的证据。

3.2.1　设计中的定性研究与定量研究

使用定性与定量的研究方法能更有效地发现用户需求。设计师和可用性从业人员利用人种学和其他学科的技术，发展了很多定性的方法来收集与用户行为相关的有用数据，从而更好地实现目标，创造出能够更好地服务于用户需求的产品。

分析的方法可分为探索性分析和数据分析。探索性分析更多的是针对样本数据较小的分类活动，分析的结果较为表面，是一种定性的分析方式。数据分析是一种定量的方式，适用于样本数据较大的时候。它是利用聚类分析的统计学方法，着重分析分类信息是否符合同一内在模式。

定性研究的价值在于它能比定量研究更好地帮助设计师发现产品用户和潜在用户的行为模式。而定量研究的价值在于焦点小组和市场调研的数据，可以按照人口统计的标准对潜在客户分组，如年龄、性别、教育程度等。

比如头脑风暴法，它是由美国创造学家亚历克斯·奥斯本（Alex Faickney Osborn，1888—1966）于1939年首次提出、1953年正式发表的一种激发思维的方法。头脑风暴法强调想法的数量和独特性，在思维发散阶段，成员间应互相尊重，不对其他人的想法进行评论，基本保留各方意见。头脑风暴法一般用于产品研发的初期和中期阶段。如果在发布一个产品前突然遇到了难以解决的困难，头脑风暴法将是获得潜在解决方案的有效途径。头脑风暴法的作用主要有：获得灵感或要求；寻找问题的解决方案；支持概念设计；探索新的创意想法；让不同的设计团队一起来提出想法和解决方案，建立团队凝聚力等。

当然，在头脑风暴的过程中，需要不断完善和改进。下面是三种能够提高头脑风暴质量的方法：

（1）小组成员逐个发表意见，这样能保证每一个参与者都有发言的机会。

（2）小组成员把自己的想法写在纸上并传给主持人，每一张纸上只能写一个想法。主持人记录下这些想法，并组织讨论。这种方式能够让所有的参与者平等安静地参与到讨论中。

（3）混合的头脑风暴，即结合头脑风暴和共识产生的最终想法列表的过程。这种方法强调的是质量而不是数量。每一个想法在被提出来之后，让小组成员进行讨论，如果每个人都表示赞同，那么记下这个想法。这样产生的最终想法列表就是每个人都赞同的、有质量保证的想法列表了。

3.2.2 用户需求分析

调研方法有很多种，在交互产品开发的早期阶段，理解用户需求是关键。用户需求分析为整个设计流程奠定了基础，对交互产品开发有着举足轻重的影响。

交互产品和传统工业产品一样，产品设计也要有明确的定位，要衡量市场大小，要测试市场，要分析用户的需求要点。因为交互产品不是要去改变用户的行为，而是要更好地服务用户，更好地满足用户的需求。那么怎样进行用户需求分析呢？它包括四个基本活动：

（1）调研。即进行走访、观察等，理解用户需求和商业需求。

（2）分析。分析这些信息，分清主次。仔细考虑产品的使用方法、用户在使用过程中可能犯的各类错误以及用户可能希望在产品设计中加入的一些小细节。

（3）规范。即列出用户需求、设计想法和设计约束。

（4）归档。把所有经验教训、目标和设计决策整理为报告。

在设计流程的早期阶段阐明这些信息，可避免后期成本昂贵的再设计和修正过程。作为交互设计师，只有对使用的人群了解了，才能对产品进行有效的设计。只有了解了用户的真正需求，然后帮助用户达到其目的，才能使用户更加喜欢交互产品。以用户的目标为主旨，根据人的行为习惯、生理结构、心理状况、思维方式等等，在原有设计的基本功能和性能的基础上，对产品进行优化，让用户使用起来更加方便、舒适。

人类需求研究最著名的理论就是亚伯拉罕·马斯洛（AbrhamH Maslow）在《人类激励理论》一书中提出的人的五个需求层次：生理需求、安全需求、归属需求、尊重需求以及自我实现需求（图3-7）。

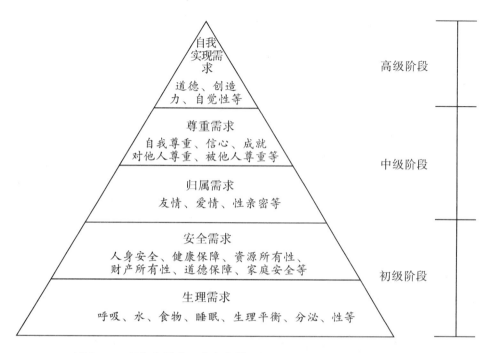

图3-7　马斯洛需求层次金字塔（根据马斯洛需求层次理论重绘）

根据马斯洛的需求层次理论，人类的需求主要分为两种：生理需求和心理需求。生理需求包括生理需求、安全需求、归属需求，心理需求包括尊重需求和自我实现需求。马斯洛需求层次理论提到人的需求满足是阶梯式的，满足一个需求之后再追求下一个需求。了解用户的需求是应用需求层次理论对用户进行分析的一个重要前提。不同组织、不同时期的用户，需求具有差异性，而且经常变化。因此，设计师应该经常性地用各种方式进行调研，弄清用户未得到满足的需求是什么，然后有针对性地进行设计。

通常在完成用户调查之后，手中会有很多的笔记、照片、录音、视频、问卷等数据资料。它们是研究用户的第一手资料，价值不可估量。但是收集数据并不是调研的最终目的，也并不能对设计流程有所帮助。只有对手中的数据进行深入、合理的分析，将数据转化成用户需求和能够指导设计师进行设计的原则，才能显现出其价值。所以对收集的资料进行分析、处理是下一步的工作重心，也是最大的挑战。

功能是产品提供给用户实际操作使用的行为模式，产品功能需要与用户的需求一一对应，明确的功能能够准确、直接地满足用户需求，实现用户目标。用户有什么需求，便在产品中实现什么功能，这是一种最直接的设计方式。图 3-8 展示了产品功能与用户需求的对应关系：

产品功能		用户需求
即时通信	→	沟通
团购	→	购物
消息推送	→	信息获取
排名	→	荣誉
空间、好友	→	社交、用户
博客	→	情感诉求
照片美化	→	个人展示
绑定	→	安全
游戏	→	娱乐

图 3-8　产品功能与用户需求的对应关系

3.3　数据分析

　　数据分析是用适当的统计分析方法对收集来的大量数据进行分析，并加以汇总、理解并消化，以求最大化地开发数据的功能，发挥数据的作用，是为了提取有用信息和形成结论而对数据加以详细研究和概括总结的过程。数据分析一般包括准备、实施和结果呈现这三个阶段。

　　数据分析是设计师了解用户使用行为及习惯的最有效的常用途径之一。常用的数据分析维度主要包括日常数据分析、用户行为分析、产品效率分析等。根据研究目标的不同，数据分析的侧重点也有所差异。日常数据分析主要包括总流量、内容、时段、来源去向、趋势分析等。通过日常数据分析，可以快速掌握产品的总体状况，对数据波动能够及时做出反馈。用户行为分析可以从用户忠诚度、访问频率、用户黏性等方面入手，如浏览深度分析、新用户分析、回访用户分析、流失率等。产品效率分析主要针对具体页面产品、功能、设计等维度的用户使用情况进行，常用指标包括点击率、点击黏性、点击分布等。

通过上述几种数据分析方法，设计师不仅能直观地了解用户是从哪里来的、来做什么、停留在哪里、从哪里离开、去了哪里，而且可以对某具体页面、板块、功能的用户使用情况有充分了解。只有掌握了这些数据，设计师才能够有的放矢，设计出最符合用户需求的产品。

3.3.1　用户需求评估

从得到的调研结果中可以发现，用户的需求千差万别。所有的用户需求都是合理的吗？设计师要在交互产品中实现所有的需求吗？答案是否定的。设计师需要对用户需求进行进一步筛选。在确定用户需求来自于目标用户群体后，需要通过一些评估方法对用户需求进行分类，确定在未来的产品定位中，哪些需求该做，哪些需求不该做，哪些是核心需求，哪些是附加需求，然后再有目的地进行设计。切记，产品出现太多故障和设计缺陷的主要原因往往是设计师专注于错误的目标需求。

Kano 模型是狩野纪昭（Noriaki Kano）博士提出的与产品性能有关的用户满意度模型。该模型能对用户需求进行很好的识别和分类，体现用户满意度与产品质量特性之间的关系。该模型将用户需求分为五类：基本模型需求、期望型需求、兴奋型需求、反向型需求和无差异型需求。

（1）基本模型需求是指用户认为该产品必须具备的根本属性或功能，此类需求也是用户需求的核心所在。产品缺少此类需求将导致用户的满意度急剧下降，并且直接影响用户去探寻产品更高层次的功能的欲望。

（2）期望型需求是指用户的需求能使产品所提供的功能更加优秀。在期望值需求的维度下，用户满意度与产品的属性呈现一种线性关系，即期望值需求在产品中实现得越多，用户满意度提升得越快。总之，产品能够满足的期望型需求越多越好。

（3）兴奋型需求是指产品提供给用户出乎意料的功能或属性，使用户在使用过程中得到意外惊喜。

（4）反向型需求是指用户希望产品的某种属性具有相反的特性需求，即用户根本没有此需求，提供后反而会导致用户满意度下降。

（5）无差异型需求是指用户对产品某属性的存在不关心或不感兴趣，无论产品提供或者不提供此属性或功能，用户满意度都不会改变，因为用户根本不在意。反向型需求和无差异型需求在 Kano 模型中属于其他类需求。

设计师常利用 Kano 模型进行需求评估。为了便于分析，设计师可以设计相应的调查问卷。问卷中需要对产品的某项功能分别设置正向和负向两个问题。需要注意的是，在一段时间内用户需求被满足，用户满意度会增加，但是过了这个时间段后，用户又有了新的需求。尽管这个曾经的需求已经被满足了，但是需求满足的时间已过，"物是人非"的情况下，用户满意度依旧会降低。用户需求会随着时间而变化，评估用户需求有很强的时效性。

3.3.2　用户行为与交互形式分析

产品应符合用户认知，能够降低用户使用的认知成本，降低思考强度，提升操作效率。因此，在设计之初对用户的认知特征进行分析是有必要的，有利于准确把握交互设计方向，提高用户的接受程度。通过对认知心理学的研究，设计师若能够了解用户使用产品的内在推动机制，将用户认知引入设计研究中，产品则会有良好的用户体验。人通过眼睛、耳朵、手等器官收集信息，帮助感知外部的世界。《认知与设计：理解 UI 设计准则》一书的作者杰夫·约翰逊（Jeff Johnson）认为，有三种因素影响用户的预期，也因此影响着用户的感知：①过去，即用户的经验；②现在，即当前的环境；③将来，即用户的目标。

大多数用户很快便从"小白用户"（即没有产品相关知识的用户）转换成为中间用户、"发烧友"甚至专家用户。用户认知的发展无疑会刺激产品不断更新、升级，用户也会逐渐对产品形成自身的固有认知习惯，也就是人们常说的经验。经验让用户更加睿智，但是也会让用户对新事物的判断产生偏差。环境影响用户感知，人类视觉会吸收目标周围的环境特征，刺激产生神经冲动，影响认知结果。目标也影响用户感知，用户的目标不同自然会影响到对整体的判断。目标让人的感知系统自动过滤掉了与目标无关的信息，而让自己更加专注于目标任务。

意识的集中性和专注性是注意力的本质所在，人们必须停止其他正在进行的任务来集中注意力。杰夫·约翰逊在《认知与设计：理解 UI 设计准则》一书中，针对用户使用界面特征，将注意力的使用模式概括为如下几点：①用户使用外部帮助来记录正在做的事情；②用户跟着信息气味靠近目标；③用户偏好熟悉的路径；④用户的思考周期为"目标—执行—评估"；⑤完成任务的主要目标之后，用户经常忘记做收尾工作。

在设计中，用户的注意力是需要引导的，也就是将用户注意力引导到目标事件和目标任务上来，把握用户注意力，实现产品与用户间的有效沟通。当产品在不同状态下有不同的目标时，设计师应该使用不同的设计策略对用户的注意力进行合理的引导。以下是能够合理引导用户注意力的几个方面：①色彩，可用于提高可辨识度，创造视觉差异；②字体，转换字体模式，可以突出目标；③动态效果，静态界面中的动态效果能够有效吸引用户注意；④声音，减弱视觉注意的压力，提高目标可捕捉程度；⑤震动，触觉易给用户带来新体验；⑥其他多种方式并行使用。

3.3.3　使用情境分析

用户行为离不开实际的操作环境。无论是在家还是在户外，特定的使用情境也导致了同一种应用有不同的用户使用行为。可以说，情境也决定了用户的行为。不同的情境会催生不同的用户需求，正如在家和在地铁上使用手机的用户，其使用习惯是不同的。用户在上下班高峰时段乘坐地铁时，往往会用手机看新闻、小说或者视频，使用手机的姿态大多为站姿。而用户在家使用手机时姿态为坐姿，且姿势较为固定。实际生活中，产品的使用情境多种多样，十分丰富，这也从侧面反映出互联网产品使用范围的广泛性。不同的任务形式，会衍生出不同的与物理状态相对应的用户姿态，这在整个交互系统的设计中也是需要重点考虑的。如视频类应用以内容为主，用户的使用习惯主要为横屏观看，因此该类应用的横屏播放器界面的交互操作，需要考虑到用户的实际情况，不仅要满足在最舒适情况下的双手操作，也应保证在单手握持时基本操作目标的实现。

现在的 WiFi 覆盖范围越来越广，网络环境对于应用的使用限制变得越来越不明显。但不同网络环境下用户的关注点不同，因此用户群体的网络特征也是优化体验的重点（如表 3-1）。

表 3-1　不同网络环境下的用户特征及其关心的问题

网络环境	特征	用户关心的问题
2G	网速较慢	图片内容加载时间，流量控制
3G	网速较快	浏览页面是否流畅，流量控制
4G	网速极快	高清播放体验，流量控制与切换
WiFi	网速快	是否免费，信号强度

对用户所关心的问题进行处理可以让用户在流畅的操作中了解到当前的网络状况，优化用户体验。当然，离线缓存数据减少了同样内容的加载次数，节省用户流量消耗。还有其他许多不同的用户使用情境，比如用户也可能会在光线充足的房间里使用手机，或在阳光直射下查看手机地图进行导航，也可能在夜里熄灯后躺着刷朋友圈。可以说，用户会在各种光照强度下使用手机。另外还有环境噪声干扰问题：户外环境嘈杂，应用的语音或者提醒功能往往不能发挥正常作用。面对不同强度的光照和外界噪声，应用的亮度、语音、提醒等相关功能应该如何设计，是设计师需要考虑的问题。

第4章

交互设计原则

交互设计原则是指人机交互设计过程中，基于人类的认知规律而对设计作出的一些指导性原则，以及对已经达成业内共识的设计经验作出的总结。它用来指导交互设计师界定问题、解决问题、提高效率。设计出具有优秀用户体验的交互产品是设计师始终追求的目标，"好的交互设计一定是建立在对用户需求的深刻理解上"已经成为设计师的设计准则。在设计中如何发现并深刻理解用户的需求，并由此设计出具有优秀用户体验的产品？本章总结出的几大常用的基本原则能够解决这些问题。

4.1 可学习性原则

目标用户在已有的知识和经验基础上，不需要思考就能正确理解产品界面，或者用户通过自己的学习，借助提示或帮助说明，能够理解产品界面，则界面具有可学习性（图4-1）。可学习的内容包括：明确当前所在位置，知道当前能干什么，接下来要干什么，能快速辨别界面中的元素并明白其功能。在设计时可采用合理的隐喻、习惯用法、有效的提示。例如手机中收音机的调频显示和音量大小控制，模拟真实收音机，一目了然。隐喻的手法是从现实世界中直接映射过来的，是非常利于新用户学习的。

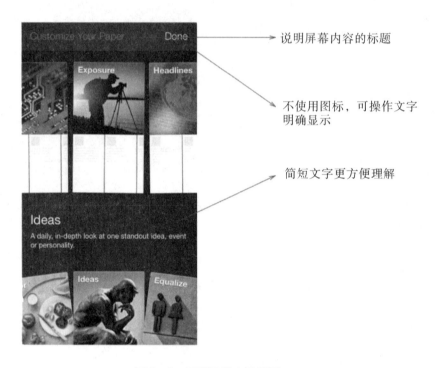

说明屏幕内容的标题

不使用图标，可操作文字明确显示

简短文字更方便理解

图 4 - 1　可学习性产品界面

人们掌握的知识，多数未经理解就学会了，如识别人脸、社交、聆听优美旋律、识别品牌名称、布置房间等。例如人脸识别，我们并不了解某人的脸为什么长成这样，但我们认识这张脸，因为我们见过这张脸，自动地就记住了。所以设计师要做出可学习性的交互界面，就必须知道用户已有知识和经验的积累情况。

用户使用产品的过程也是一个学习和探索过程，产品应该允许用户犯错，而且必须给用户重新尝试的机会，让用户处于放松的状态下使用产品。产品首先要帮助用户避免出错。可以采用合适的控件（相同情况下选择控件比输入控件出错机会更小）；或给予输入帮助或提示，比如在登录邮箱的过程中忘记密码，在登录图标的旁边会有一个"忘记密码"的提示图标，来提醒用户不用担心，点击图标便可解决问题。用户出错后，需要提供撤销或返回功能，使用户返回到上一步操作重新探索。出错反馈要亲和，避免责备用户或鲁莽地打断，要友好地指出错误所在并提供有用的补救建议供用户有效快速地学习并掌握。

那么如何使交互界面具有可学习性？以下建议可供读者参考：

（1）交互界面主要是为目标用户（角色）设计，而不是为所有人设计。

（2）交互界面是为日常场景设计，不要让边缘场景主导了设计。

（3）所有的行为习惯都需要学习，好的行为习惯只需学习一次。

（4）除了输入，其他所有的行为支持鼠标操作；除了绘图，其他所有的行为支持键盘操作。

（5）在满足需求的前提下，界面的信息、功能及交互次数越少越好。

（6）界面的操作方式最好一目了然，不需要帮助。

（7）操作前可预知，操作中有反馈，操作后可撤销。

（8）充分利用隐喻设计。

（9）让用户知道"身在何处"。

（10）界面结构功能布局合理，措辞统一，突出重点。

（11）日常场景使用的界面应放在主要位置，且尽量大。

（12）一般界面的颜色不超过三种，且避免大面积使用刺眼的颜色。

（13）减轻用户的记忆负担，尽量让用户识别，而不是回忆。

（14）尊重用户的思维和行为习惯，除非设计师能有更好的设计。

（15）关注用户的目标，而不是任务。

（16）尽量避免对话框，且对话框深度最多不应超过三级。

好的习惯用法只需学习一次，例如学习"neat""politically correct""in a pickle"等词语或词组是非常容易的，人们只要听一次就能记住它们。单选按钮（radio button）、关闭框（close box）、下拉菜单（drop-down menu）和组合框（combo box）等习惯用法也一样容易学习。设计师要尽可能地迎合用户的习惯用法，完成可学习性交互界面的用户体验设计。

设计师还应当考虑用户可能出现的所有操作错误，并应针对各种差错，采取相应的预防或处理措施。要设想用户试图做对每一项操作，只是由于对操作的理解不全面或是不恰当，才会出现差错；要把用户的操作过程视为产品与用户之间自然的、有建设性的对话，要设法去支持这种对话，而不是去打击用户在对话中作出的回应；要让用户发现差错可能会造成的负面影响，但也要让用户能够比较容易地取消错误操作，让系统恢复到以前的状态；还要有意增加那些无法逆转的操作的难度。设计师设计出的产品要允许用户自己学习和探索操作方法。

4.2　一致性原则

通常，用户在应对新情况时会感到困难。由于新情况存在多种可能性和不确定性，用户面对不熟悉的情况时，会试图弄明白哪些部分可以操作，如何操作。如何使第一次接触产品的用户知道该产品的使用方法？如果用户在过去曾经使用过类似的产品，我们就会把旧知识套用在新产品上，不然就得求助于产品使用手册。因此，设计师所设计出的交互产品应保持用户与交互产品的一致性，比如界面视觉表现、交互行为、操作结果等，使交互界面符合用户使用习惯以保证用户顺畅使用。

一致性指两种事物之间的关系和谐，目标一致，简单地说，就是让用户用着习惯。比如产品界面中启动按钮总是在右下角，若忽然改放左下角，用户就不习惯了，会感到别扭，这就违背了一致性原则。为了设计出让用户一看就明白如何使用的产品，设计师可以利用空间类比概念设计控制器。例如为了控制房间里的一排灯，可以把开关的排列顺序与灯的空间排列顺序保持一致。有些一致性则是文化或是生理层面的。例如升高表示增加，降低表示减少。音量、重量、长度、量度都是可以随数量的增加或减少而逐渐增加或减少的变量。然而，声音频率和数量之间却不存在这样的关系。声音频率高是否就意味着数量多？不一定。声音频率、味道、颜色和位置属于可替换性变量，性质的替换就意味着变化的产生。其他的一致性原则是根据人的感知原理对控制器和信息反馈进行的分组和分类。例如，淘宝网、当当网、唯品会等购物的网站，无论用户以什么形式搜索商品，最后出现的商品都是以序列形式呈现给用户；用户选择商品后进入详细页面，对应位置都会有相关商品的详细信息、商品评价等；最后添加到购物车或直接购买，这一系列的交互行为都有一致性。只有当产品功能的可视性高，控制器和显示器的设计也匹配一致，产品才会方便好用。

按钮与功能区的匹配一致性可以减轻用户记忆负担。厨房电炉的炉膛和控制旋钮的排列是自然匹配一致的最佳例子。电炉的炉面设计问题看起来微不足道，但它说明了许多用户在使用过程中"遭受挫折"的原因所在。如果匹配关系不明确，用户就不能立即作出判断。到底哪个旋钮控制哪个炉膛？标准的电炉有 4 个炉膛，呈长方形排列。如果 4 个控制旋钮的排列是完全随机的，用户就不能记住每一个控制旋钮的功能。因为总共会有 24 种可能，从最左边的控制旋钮开始算，它可以控制 4 个炉膛中的任何一个，紧挨着它的那个旋钮则可以控制剩下 3 个炉膛中的任何一个。如果旋钮的排列与炉膛的排列保持一致，情况又会怎样？很明显这样的排列提供了用户所需的全部操作信息，一看便知哪个旋钮控制哪个炉膛，这就是匹配一致性的好处。

图 4-2 所示的炉膛设计很常见，部分地应用了一致性原则。左边的两个旋钮用来控制左边的炉膛，右边的两个用来控制右边的炉膛。炉膛和控制旋钮之间只有 4 种可能的组合关系（左右两边分别有两种可能的组合）。即便如此，用户在操作时也会感到迷惑。这时就需要在产品上附加标注，才能把使用方法说清楚。但是适当地应用自然匹配原则就能尽量减少使用标注的必要性。

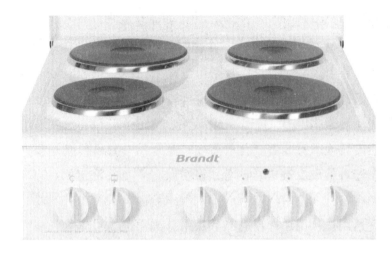

图 4-2 成对排列的炉膛控制旋钮

再如汽车座椅控制调节按钮。奔驰汽车公司把调节座椅的按钮设计成车座的形状（图4-3），让用户能很直观地理解并操控这一功能。若想把座椅的前端抬高，只需要把调节钮上的对应部位往上移；若想把座椅靠背往后放倒，只需把对应部位的控制钮往后移。这是一个自然配对极佳的例子。交互设计的高度一致性，使得用户不必进行过多的学习就可以掌握其共性，有助于用户学习，减少用户的学习量和记忆量，提高效率。

图 4-3 奔驰汽车座椅控制调节按钮

　　炉膛和汽车上那些方便好用的功能有很多共同之处。那就是符合匹配一致性原则，即控制器和功能之间具备密切、自然的关系。所以说，如果用户能够很容易地看出并解释所用产品物理结构上的限制因素，设计师设计时就可增强这些因素的设计效果，使用户在进行尝试之前，就已经知道哪些操作行为是合理的。这就可以避免错误的发生。

　　总而言之，一致性主要体现在输入、输出方面的一致性，具体是指不同的应用系统之间以及应用系统内部具有相似的界面外观、布局，相似的人机交互方式，以及相似的信息格式、显示风格等。良好的交互一致性，可以减少用户学习成本，提高使用效率。在设计中应用匹配一致性原则并不需要花很多的时间，但可以让用户快速且有效地完成操作。因此，若所有的产品在设计时都用到匹配一致性原则，用户在生活和工作中便可享受真正意义上的"便利"。

4.3　标准化原则

　　标准化就是利用储存于外界的知识具有自我提醒的功能的特点，在交互设计中融入标准化的设计理念。储存于大脑的外界知识和信息能够帮助用户回忆起容易遗忘的内容。存在于头脑中的知识具有高效性，它无需对外部环境进行查找和解释。

　　标准化实际上属于另一种类型的文化限制因素。例如，由于汽车的标准化，用户在学会了开一辆车以后，不管到世界的哪个角落，开什么样的车，都不会有太大问题了。标准化可以简化人们的生活：每个人只需要学习一次，就知道如何使用所有经过标准化的物品。但值得注意的是要掌握标准化的时机。倘若太早，人们就会被禁锢在不成熟的技术之中，或是到头来发现标准化时设立的一些规则非常不实用，甚至会导致操作上的差错；倘若太晚，则很难达成一套国际标准，因为各方都坚持自己的做法，不肯让步。

　　此标准化被广泛地运用在交互设计中（图4-4）。例如，控制器和显示器的设计采用标准化设计，产品才会方便好用。要想设计一件优秀的交互设计作品，需要设计人员精心考虑策划，并关注用户的原有习惯和知识，融入标准化设计概念，才会达到良好的交互体验效果。

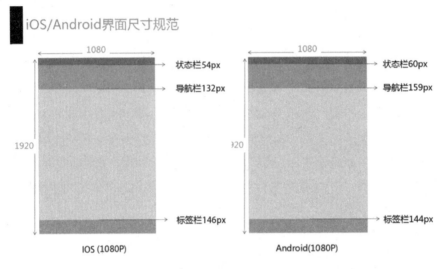

图 4 - 4　标准化界面设计

　　在设计某类交互产品时，若无法避免标准化和操作中的困难，那就只有一个选择：运用标准化设计。产品的控制器和功能之间应该具备密切、自然的关系，设计师可以把控制器的操作步骤、操作结果、产品的外观和显示方式标准化，或者把产品及其问题标准化，建立一套标准。标准化的好处在于，无论被标准化的系统本身存在多大程序的任意性，用户只需学习一次，就能知道如何操作这类系统。例如，打字机的键盘、交通标志和信号、度量单位和日历。标准化大大方便了人们的工作和生活。

4.4　简洁性原则

我们生活在知识信息爆炸的社会，尤其是在互联网时代，用户获取信息的方式多样，对信息的理解也各有不同。那么，如何获取、传递有效而准确的信息非常重要。在交互设计中，信息获取和传递的历程必须简洁清晰、易学易懂，这样用户才能够快速有效地获取这些信息，并迅速作出抉择及操作。

少即是多，在交互设计中提倡应用最少的元素来表达最多的信息。如果信息复杂，会造成信息过载，影响用户使用效率，不能帮助用户解决问题的后果，所以设计师应尽可能精简界面上的元素。设计出原型后，先将元素减半，然后再看能否简化。只要保证主要任务流程能顺利完成，其余不相关元素要尽量削减。总之，简洁体现在三个方面：减轻视觉干扰、精简文字表述、简化操作步骤。

在交互设计中，简单快速地传达给用户有效信息的方式包括界面布局、交互文本、界面色彩、图像与图标、声音视频等。通常界面中的信息布局简洁与否，会直接影响用户获取信息的效率。所以，一般界面的布局因功能不同，考虑的侧重点就会不同。为了方便用户对信息的猎取，界面布局要做到有秩序，排列整齐，防止过紧或过松，有明显的"区块感"，让用户对界面信息一目了然。另外，布局要充分表现其功能性，对于每个区域所代表的功能应在视觉上有所差别，如标题区、工作区、提示区、赞助区等。界面中最重要的信息所在的模块将放在屏幕中最明显的位置，并且应该是最大的。布局中的信息需要有明显的标志和简单介绍，比如标题栏和标题等。图 4-5 展示了界面视窗的简洁性区块设计。

图 4 - 5　界面视窗的简洁性区块设计

技术进步也给设计带来了巨大的难题。技术可以使人的生活更加方便，更具趣味性，然而每项新的技术在给人类带来益处的同时，也会带来新的矛盾，使工作复杂化，增添人的挫败感。一项新技术的发展通常遵循一个 U 形曲线的发展过程：开始很复杂，后来逐渐简单化，接着又变得复杂起来。新产品刚刚问世时，复杂难用。随着技术人员经验的积累和技术上的成熟，产品会变得简单、可靠，功能也得到改善。但达到稳定状态后，新的设计人员就会想办法增加产品的功能，而这通常会使产品复杂化，有时还会降低产品的可靠性。手表、收音机、电话、电视这些产品都经历过 U 形曲线式的发展过程。以收音机为例，早期的收音机相当复杂，收听某一电台节目时，需要调节好几个部分，包括天线、无线电频率、中波频率、灵敏度和音量。后来的收音机则简单得多，只需要开、关、搜索电台和调节音量。但是最近几年生产的收音机又变得复杂起来，或许比初期的收音机还要复杂。现在的收音机被称为"调频机"，上面有一大堆控制键，还有开关、滑动杆、指示灯、显示屏和仪表。现代收音机的技术性能优越、音质高、收听效果好、功能强，但操作起来却很麻烦。

又如，几十年前的手表设计得很简单，只有手表侧面的小金属栓这一个控制项目。将之旋转就上紧发条，使手表走动。把金属栓往外拉，然后旋转，即可调整时间。这种操作方法易学、易操作，小金属栓的转动和指针的转动之间存在合理的关系。这种设计甚至考虑到了人们容易犯的错误：平时金属栓所在的位置只能用于上发条，即使无意间转动了金属栓，也不会改变表上的时间。

每当产品的功能种类和所需的操作步骤多于控制器的数目时，设计就会变得复杂和困难，带有任意性。技术使产品的功能增多，简化了人们的生活，但同时又把产品变得难学难用，使人们的生活复杂化，这就是技术进步带来的矛盾。

增添产品的功能，同时会增加控制器的数目，使操作方法复杂化。但是若善于运用简洁性设计原则则可以帮助我们处理好这类问题。在设计过程中需要注意：①设计的功能是否是用户的真正需要；②所有的控制器是否都既好用，又易于辨别，并且能够尽量避免操作中的人为差错；③设计应该把成本、可制造性和美观等现实因素也考虑进去，而且设计出来的产品要能得到用户的认可。当功能增加时，产品难免会变得复杂化、不易用，但是合理的设计会大大降低这一矛盾所造成的负面影响。

界面色彩也是简洁化设计原则的内容之一，色彩是有效地区分功能信息的重要手段，简单明了的色彩设计有助于用户将信息和操作关联起来，有效减少用户的记忆累赘，让用户一目了然。在设计时需要注意：①设计师应根据不同的产品应用场景，选择其适宜的颜色，如管理界面经常应用蓝色；②需考虑颜色对用户的心理和文化的影响，比如黄色代表警告，绿色代表成功等；③尽可能避免界面中同时出现三种以上的颜色；④色彩的对比度要明显，如在深色的背景中应用浅色的文字，让文字突出；⑤用色彩来引导用户关注最重要的信息。

总之，设计师在运用不同的信息表述方式表达信息的时候，都要做到简洁清晰、易学易懂，这样才会让用户快速、准确地完成任务。

4.5 流畅性原则

交互流畅性即用户操作连贯，任务能顺畅地完成，不被干扰或打断。首先要让用户明确最基本的核心任务，并保证它的顺利执行，辅助操作应在不影响核心任务的基础上展开。为了让用户明确在特定界面中的首要任务和目标，需尽可能避免界面上的视觉噪声和其他干扰；还需避免被打断，让用户的操作保持连贯顺畅。例如，Gmail 在用户把邮件删除后，会将删除的弹框设计成通知列表（list notification），提醒用户撤销刚才的删除操作。这种处理，让删除的流程更加顺畅和轻松自如。交互设计师追求的是用户任务完成的流畅性，交互本身是因果和反馈的循环，界面是用户体验流程的可视化控制端，流畅可用就是要符合用户期望的流程的结果。有时候用户要达成目标需要经过许多步骤。例如，网上买机票，首先，用户需在相关网站上注册一个账号并登录；第二步，根据行程，选择点击"国内机票"或"国际机票"；第三步，选择航程类型（往返、单程或者联程）、出发城市、目的城市、出发日期、出发时间（如果选择了返程，则还需要选择返回日期和返回时间），填写送票城市、乘客类型、乘客人数，选择仓位等级等，单击"查询并预订"；第四步，选择需要的航班，单击"下一步"，填写登记人信息和联系人信息，再往下选择出票时间、行程单配送方式和支付方式，然后是支付机票款；最后，订票完成后，网站会给用户的手机发短信，通知订票情况，此时整个购票流程基本完成。

关于交互流畅性，设计师在制作原型的时候，就应该将一个复杂的目标肢解成为一系列简单的步骤（比如询问目的地，然后设定行程）。其实所谓的简单流畅就是让过程更简单易行（图4-6）。

图 4 -6　探索操作流程顺利通畅的交互设计

为了设计出顺畅的交互流程，如下问题必须加以考虑：①用户知道在界面可以做什么事情吗？②用户在界面中能做想要做的事情吗？③用户知道什么时候完成了他们想完成的操作吗？用户界面的设计需要在操作屏上对用户传达出所有的可能性。

交互设计并不只牵涉界面行为，它是一项基于用户行为的适应性技术。若要符合用户预期，操作流畅是关键。总而言之，交互设计的目标大概是：产品符合逻辑，对于用户的操作响应迅速，让用户使用顺畅并保持期待。

4.6　用户反馈原则

反馈是控制科学和信息理论中一个常用的概念。其含义为：向用户提供信息，使用户知道某一操作是否已经完成以及操作所产生的结果。假如你在和一个人谈话，但却听不到自己的声音；或者你在用铅笔绘画，但却看不到任何笔迹，这两种情况就是缺乏信息反馈。在交互界面中任何可操作的地方，当用户开始操作时，产品都应该及时给予提示反馈（图4-7）。用户的每一项操作必须得到即时的、明显的反馈，让用户了解操作是否生效、界面是否还在用户的控制之下等等。信息反馈内容包括用户操作反馈和产品状态反馈。

图4-7　注重用户信息反馈的交互界面设计

用户操作反馈，指的是界面元素在用户进行滑过、点击、移开等操作时，界面元素的反馈变化。产品状态反馈，指的是产品在运行时需要用户等待或者系统出错时的反馈，目的是让用户明白当前状况。比如迅雷每次下载完成都有声音提醒，又如音乐播放时的进度条显示。改善反馈机制，增强控制能力，减少用户操作中的麻烦。但又不能操之过急，应充分考虑当前先进技术的进展。用户接收到有关操作结果的完整、持续的反馈信息，有助于用户在操作一件从未使用过的产品时更得心应手。

除了界面反馈外，还有文本信息反馈。文本信息反馈指产品界面涉及交互操作中需要用户理解并反馈的所有的文字，包括标题、按钮文字、链接文字、对话框提示、各种提示信息、赞助内容等。这些文字直接影响用户在交互历程中对产品的理解。好的交互文本设计可以提高用户完成任务的效率：要做到文本表述信息有效，就要尽量口语化，不用或少用专业术语；表述的语气要柔和、礼貌，避免应用被动语态、否定句等；尽可能使用简洁、通俗的文字表达，文字较多时要适当断句，尽量避免左右滚屏、换行；文章字体应用常用、标准的字体，大小以用户的视觉清晰可观为衡量标准。通过文本信息，用户就能获悉有关部件的信息，同时建立起适当的心理模式，简化理解和操作的过程。

有时用户在使用交互产品时，无法看到产品的某些部位，得不到相应的反馈信息，这时通常会用声音来提供信息。声音可以告诉用户物品的运转是否正常，是否需要维修，甚至可以避免事故的发生。以下是几种声音所能提供的信息：①拉链轻松自如地拉动时发出的"嗤啦"声；②门未关好时发出的微弱金属声；③汽车消声器出现问题时发出的轰鸣声；④物品未固定好时发出的碰撞声；⑤水煮开时水壶发出的"滋滋"声；⑥面包片烤好时从烤面包机里"跳"出来的声音；⑦吸尘器堵塞时音量突然增大；⑧一部复杂的机器出现故障时产生异样的噪声。

很多产品的设计采用了发声装置，但声音只是用作微信号，例如蜂音器和铃铛。其实自然的声音与视觉信息同等重要，当我们的目光注视在别处，无法观察某一事物时，声音便可传递我们所需要的信息，可以反映出自然物体之间复杂的交互作用。有些声音的确可以起到辅助作用，即使人的注意力集中在别处，也可以感知事物的信息；但声音有时也让人心烦或分散注意力，有干扰作用。

声音可以提供有用的反馈信息，没有声音就意味着没有反馈信息。如果某一操作的反馈信息采用的是以声音传达，那么一旦听不到声音就说明出了问题。那些由于设计人员没有充分考虑可视性原则而造成的问题，几乎都能通过声音反馈来弥补。

4.7　可视性原则

前文已重点讨论了限制因素和匹配一致关系在设计中的应用，但是要让用户知道如何操作，还需要考虑其他相关的设计原则，尤其是可视性原则。可视性原则是指对于用户来说，相关的物品零件必须显而易见。设计师在设计交互产品时一定要注重交互界面的可视性，以便用户在执行阶段明白哪些是可行的操作以及如何进行操作，并可在评估阶段看出所执行的操作造成了怎样的结果。

首次使用物品时，用户会用以下问题来引导自己的操作：

（1）哪些部分是可移动的，哪些是固定的？

（2）操作时，应握住物体的哪个部位？对哪些部位进行操作？手要伸进什么地方？如果使用的是语音系统，应在哪个部位发送语音信号？

（3）可能的操作是推、拉、旋转、触摸、敲击中的哪一种动作？

（4）操作有哪些相关的物理特性？要用多大的力进行操作？操作效果如何？怎样评估？

（5）哪些部位是物品的支撑面？能够支持多大、多重的物体？

当用户试图进行某一操作或是想评估操作的结果时，会提出同样的问题。用户仔细观察某物品时，必须作出判定：哪些部位是用来显示物品的状态；哪些只是用作装饰或背景，与物品的功能无关；物品的哪些部位会发生改变；与前一个状态相比，物品发生了什么样的改变；应该查看或注视哪一部位才能觉察状态的改变。总之，交互设计师应该突出需要用户重点观察的部位，并让用户立即看到每一步操作的结果（图 4 - 8）。将看不见的部位显示出来，设计合理的显示装置，同时利用声音增强可视性等等，这些设计可以大大提高产品交互的易用性。

图 4 - 8　可视性交互设计让用户立即看到每一步操作的结果

第5章

交互设计流程与界面设计

5.1　交互设计流程

　　很多时候，交互设计师接手一个设计项目，首要的问题是了解用户的特点、需求，以及用户反应等。只有了解了用户的需求及特点，设计师才会全方位、多角度去分析和解决问题，并最终实现设计方案。通常，一个好的设计一定是要迎合用户需要，并符合用户行为的。好的用户体验，才能引起用户的注意。为了让设计师更好地完成设计项目，本章总结了交互产品设计开发的相关环节步骤（图5-1），希望对设计行业的设计师们有所帮助。

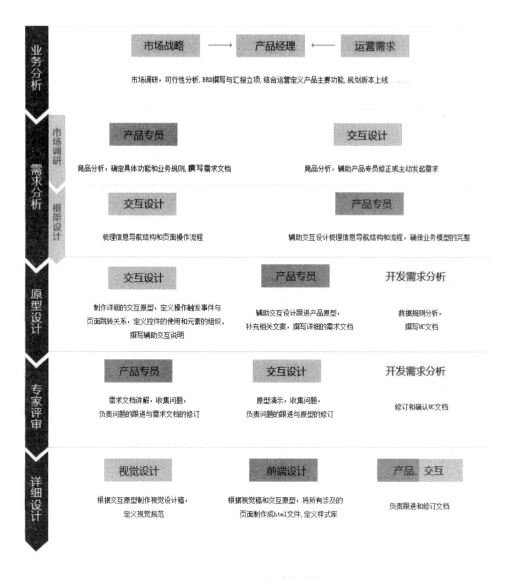

图 5-1　交互设计流程图

5.1.1　市场调查与设计研究

在这一阶段，对商业市场和现有竞争产品数据进行分析，并获取市场需求是设计的起点。例如，在网页界面设计初期，项目组成员便开始搜集同类

67

网站以便进行分析比较。项目组对搜集到的同类网站进行了筛选，从中挑出优秀的、有启发价值的网站，并组织讨论会进行竞争产品分析。在进行竞争产品分析之前，项目组成员都完整体验过那些网站并感受用户心理，在体验过程中记录相关反馈以及网页界面中的"闪光点"，以便正确评估同类网站的情况。在讨论过程中，项目组成员主要就同类网站的视觉风格、框架布局、个性特点、信息的展示形式、可用性等方面展开探索分析，并总结出相关的可借鉴经验。对同类网站在页面布局、易用性、信息展示方式上的分析归纳多种多样，比如：同类网站的界面普遍比较简单整洁，追求外观上的舒适感；同类网站页面的主色调以蓝白色的比例最高；界面的操作使用方便、流畅；等等。

项目组成员不只对同类产品的网页进行搜集分析，还针对某些特定的交互细节进行探讨、学习，如对其新颖有趣的导航方式的探索等。

总之，竞争产品分析是通过对同类产品的分析解构，从各个分析维度上进行类比归纳或得出单一结论，用以了解市场上现有产品的相关信息，使设计和研发人员更好地把握产品方向和设计趋势，在满足用户的需求的基础上设计和完善交互产品。

5.1.2　用户研究

在这一阶段，设计团队针对用户的各个方面进行一系列的调查与分析，比如了解用户总体特征：年龄、经济水平、职业、居住环境、生活习惯等；理解用户的期望、需求、动机和使用情景，总结用户的行为模式等。这一阶段需要对用户初期调研所收集的用户行为与需求进行信息过滤与整理，筛选出对设计有用的信息，并梳理出用户的需求点。对于设计将涵盖的用户信息和行为以及功能模块，都需要在这一阶段确定下来，为后续设计奠定基础。

5.1.3　用户模型与概念设计

通过综合考虑用户调研的结果以及设计可行性、可用性、易用性等问题，为设计的目标（目标可能是新的软件界面、交互产品、服务或者系统）制定可行的设计方案，并将用户需求转化为具体的产品概念，以及提供一个好的概念模式。

5.1.4　信息架构与设计实现

根据概念方案进行原型设计，梳理信息导航结构，以及确定视觉界面与交互设计，实现设计方案。

5.1.5　评估与用户测试

借助一系列评估体系与测试方法，对交互设计产物（如原型）或者设计的界面进行测试与评估，分析其在可用性和易用性方面可能存在的问题，为产品的迭代设计提供建议和修改方案，让产品的形式、内容、行为可用、易用，令人满意，并在经济和技术上均切实可行。

5.1.6　系统开发与后期跟踪

在经过多次迭代的产品模型基础上进行开发工作，并在发布后持续进行用户跟踪，为下个产品的交互设计提供改良建议。

鉴于交互设计是一个多学科交叉的领域，除了设计流程之外，在项目执行过程中，既需要从市场、用户的角度引导设计，抓住商业、技术以及行业机会，理解信息架构和逻辑，还需要从设计、信息整合与交互原型、视觉的角度去表达设计。

5.2　以目标用户为导向的界面设计方法

交互设计师的前期分析研究并识别用户目标是对最终情况的预期，而用户完成任务和活动只是达成一个或者一组目标的中间步骤。规划与人交互的复杂物理结构需要了解使用交互产品的用户如何生活和工作，所设计的产品功能和形式能否支持和方便用户的这些行为。因此，有意识地导入以目标用户为导向的设计，标志着现代交互产品开发三原则（功能性、可行性和舒适性）开始形成。界面设计需要了解从购买到使用完整过程中用户同产品的关系，要了解用户希望如何使用该产品、以什么样的方式使用产品，以及使用产品的目的是什么。交互设计，不仅仅是审美选择，更要建立在对用户和认知原则的了解上。以用户为导向的新型设计，能更好地理解用户目标、需求和动机，并提供完整的设计过程，即是"目标导向设计"。要理解目标导向设计的过程，首先需要确定目标用户，更好地了解用户目标的本质，产生目标用户的心理模型，并形成概念设计。

5.2.1　确定目标用户群

设计旨在满足情景中的用户目标，让目标用户与产品界面交互，让产品更加易于学习和使用。遵循与用户目标相关的规则，是设计出好的交互产品的关键。

一个设计方案一般是满足特定用户人群而非所有人的需求。所以在调研阶段的问卷设计的初期，要将目标人群定位明确，以此提升问卷调查结果的客观性和可信度，这对于问卷调研的成功与否很重要。比如互联网网民的年龄主要就集中在 20～45 岁，按照有消费能力来划分，就是 25～40 岁。一旦确定了目标用户，接下来就可针对那一年龄段的目标用户群来设计产品了。如果分不清楚目标用户群，将无法实现交互设计产品的价值。

目标用户群的分析是确立交互设计项目的关键，目标用户群和其用户需求是交互设计的首要因素。当确定目标用户群后，设计师可对用户进行描述，如目标用户群名称、用户的需求方向、用户的特征、用户的动机、用户的角色建模、用户的使用场景等。这些用户描述是为了对目标用户开展深入的研究和进一步的挖掘。

5.2.2　概念设计

概念模式使用户能够预测交互行为的效果。如果没有一个好的概念模式，用户在操作时就只能盲目地死记硬背，照别人说的去做，无法真正明白这样做的原因和目的是什么，这样做的结果如何，万一出了差错应该怎样处理，等等。一旦发生故障或是遇到新情况，用户就需要对交互产品做进一步的了解和分析。比如，日用品的概念模式不是很复杂，剪刀、钢笔和电灯开关都是相当简单的物品，用户没有必要了解每件物品的物理或是化学原理，只要了解控制器和操作结果之间的关系就行了。如果物品的概念模式不全面，或是错的，甚至不存在，用户在使用该物品时就会有困难。

交互设计师总是希望用户模式与设计模式完全一样。但问题是，设计师无法与用户直接交流，必须通过系统表象这一渠道。如果系统表象不能清晰、准确地反映出设计模式，用户就会在使用过程中出现错误的概念模式。

通过综合了解用户调研的最终结果，设计师为目标用户创建概念模式。整个过程可能需要进行不断地改进，过程包括头脑风暴、问卷调查、走访、交谈、形成概念、细化概念模型和测试等，并最终优化设计方案。概念设计是由分析研究用户需求到生成概念产品的一系列有序的、可组织的、有目标的设计活动，它表现为一个由粗到精、由模糊到清晰、由抽象到具体的不断进化的设计过程。

设计师要从"目标用户导向"的角度去解决交互产品设计就要注意以下几个要点：

（1）要满足用户对交互产品的使用预期，以及分析用户为什么想用这种产品等问题；

（2）尊重用户及其体验目标；

（3）对于产品特征与使用属性，要有一个完整的描述，而不能简单化；

（4）以用户为目标，要看到产品可能的方案。

5.2.3　界面体验与可用性目标

以用户为中心的设计是保障产品具有较好用户体验的基本活动，其中可用性目标是有效衡量用户体验活动最终效果的重要指标。用户体验的可用性主要由有效性（effectiveness）、效率（efficiency）和满意度（satisfaction）三个要素确定。交互体验不是简单追求功能性，而是设计人与物之间更生动的交互行为关系，使人与产品之间有更好的交流。用户体验产生于用户与产品的交互，是系统界面进行的交互过程。加瑞特在《用户体验要素》一书中将用户体验分为五个层次，自下而上依次是战略层、范围层、结构层、框架层和表现层。

1. 战略层

战略层包括产品目标和用户需求，从企业和用户角度表达了对产品的期望，是用户体验设计流程的起点。在战略层需要明确企业想通过这个产品得到什么，以及要解决用户什么样的问题。只有明确各方面的期望与诉求，才能制定良好用户体验的战略。

2. 范围层

范围层包括功能说明和内容需求。在这一层需要明确应该提供给用户什么样的内容和功能，需要通过相关的研究方法来收集用户需求、确定需求优先级以及功能范围。

3. 结构层

结构层包括交互设计和信息架构。通过对用户需求的梳理之后，需要确定产品的功能结构关系，并对用户使用产品的行为、流程进行引导。

4. 框架层

框架层包括界面设计、导航设计和信息设计。设计师需要通过对相关的界面元素来赋予用户做某些事、去某个地方以及传达某种想法的能力。其中良好的信息设计是界面设计和导航设计的前提。

5. 表现层

表现层包括视觉设计，是用户感受最强烈的一层，包含着之前四个层面的所有目标。交互产品或界面系统在这一层与用户交互，实现自身价值和目标。

用户在体验过程中，通常感知方向是自上而下的，表现层和框架层往往给用户带来最直观的感受，因此用户讨论得最多的永远是产品的界面好不好看、好不好用。而产品或系统的设计流程则是自下而上、由抽象到具体的理性推导过程，彼此交叉，迭代往复，与产品体验目标和用户需求密切相关（图5-2）。优质的交互产品和人性化的服务让人心情愉悦、备受鼓舞，从而深得青睐；劣质的交互产品和冷淡的服务会给用户带来压抑、沮丧等负面情绪，从而引起反感。

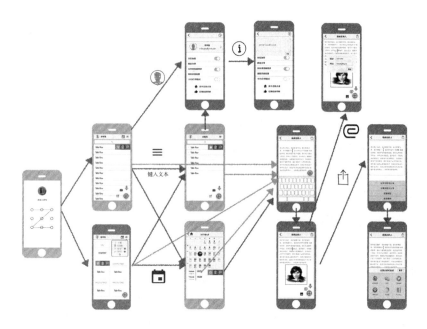

图 5-2　交互信息流程框架图

5.3　界面视觉设计

　　传统的用户界面图形是通过视窗、图标、菜单、指针等视觉组件，使用户实现交互，达成用户体验的期望结果。由于数字、触屏等多种媒体的出现，如今的图形用户界面呈现出后维普斯特征。从根本上讲，视觉界面设计关注的是如何处理和安排视觉元素，传达行为和信息，强调设计的易用性。美国西北大学教授唐纳德·诺曼（Donald Norman）曾分析认为，设计必须反映产品界面的核心功能、工作原理、可能的操作方法和反馈产品在某一特定时刻的运转状态。对界面功能和外形的平衡，可以看看一个极端的例子：Google。在后台，Google 的服务器收集了网络上几乎所有的信息，以复杂的公式进行运算、排序，但对用户而言，只需要在简洁的页面中输入一个或几个要搜索的关键词，就可以得到想要的信息。Google 首页的设计师玛丽莎·梅耶

（Marissa Mayer）这样阐释它的成功："在你想要的时候，给你你所要的，而不是给你所有你可能要的，甚至在你并不需要它的时候。"

当然，Google 这个例子并不是说明设计就应当是"少就是多（Less is More）"，追求所谓极简主义，而是说设计应当与功能匹配，为用户创造好的用户体验。Google 的成功与其强大的搜索功能有关，也与其简洁的首页界面有关，更与其强大的功能和简洁界面是匹配的有关。针对"少就是多"，著名设计师米尔顿·格拉塞（Milton Glaser）曾说："少不是多，恰恰够才是多。"不管怎样，总的来说，对于交互界面设计，世界知名的产品设计公司IDEO 总经理汤姆·凯利（Tom Kelly）的一句话值得我们记住：我们其实都在寻找各自的"简单明了的界面"。

对于界面设计的简洁性，有时候设计师还需要考虑这样的情形：尽管用户很多繁复的功能根本用不上，但他们希望拥有多功能和多用途的感觉。比如很多人是用微软的 Word 软件录入文字，但他们仍希望用有着各种用不上的复杂功能的软件。如果不能满足功能需求，再美的设计也是无效的。总之，交互设计不仅要追求产品界面美观，还要让交互产品发挥功能价值，"美观"与"实用"要相辅相成，缺一不可。

5.3.1　界面视觉元素

1. 界面视觉元素大小

较大的物品吸引的注意力更多，尤其是比周边相似的物体大得多时。例如，在不同的文本中，我们会认为越大越重要，加粗的内容比正常内容更重要（图 5-3）。当然在设计时也要注意界面的观赏性。元素的大小也是设计师所关注的重要的细节之一。

2. 界面与色彩

色彩是最能引起心境共鸣和情感认知的元素。三原色能调配出非常丰富多彩的颜色，色彩搭配更是千变万化。界面色彩搭配时，设计师可以摒弃一些传统的默认样式，了解设计背后的用户需求及目的，认真思考色彩对界面场景表现、情感传达、企业形象等方面的作用，有依据、有条理、有方法地构建色彩搭配方案，使界面操作易用有效（图 5-4）。

图 5-3　网页界面设计与视觉元素大小

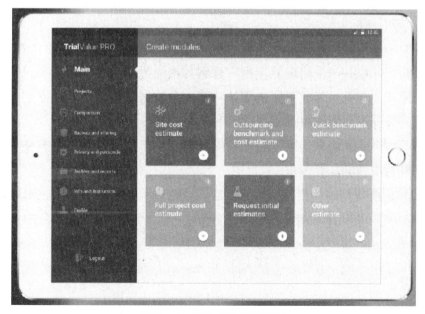

图 5-4　彩色模块界面设计

界面设计中色彩的设定影响界面设计的高效性和给用户的第一印象，也是影响用户拾取信息内容的重要视觉因素。界面色彩设计有如下关键要点：

（1）过于繁杂的色彩应用往往适得其反，一旦失去了界面基本的色调，就无法合并和简化界面里的诸多信息。

（2）选色应该遵循"少就是多"的原则。因为用色过多或者是太花哨，反而会使得界面凌乱琐碎，令人眼花缭乱，用户会因无法辨认信息而产生交互障碍。

（3）针对性地用色对界面设计至关重要，界面的内容不同导致了界面在选色时也有较大的区别。设计师在使用色彩时，需要考虑到诸多因素，如品牌、主题形象、功能区块、元素主次等。

（4）设计界面时，色彩是影响人们心理情绪的重要原因，界面配置相近颜色或较暗颜色，会严重阻碍用户与界面交互的历程。可以将界面中重要的信息用鲜艳的色彩标识突出，以达到醒目直观的体验目的。

色彩给用户传递了必要的信息，又组织了灵动的视觉语言，把界面的设计提高到一个崭新的体验境界。界面色彩设计在理性感官上和感性心理上都起到了举足轻重的作用。

3. 界面图标设计

相对于单纯的文本，图像以及符号化的图标更加符合用户的认知习惯。有时一张图片或者一个标识能让用户理解与接受界面设计所表述的信息。适当地应用图片与符号化的图标（图5-5），会让用户很自然地建立起认知习惯。但是设计界面图像图标要注意以下几方面要点：

（1）设计表意清晰、明确，有高度的概括性与指向性，让用户能够快速地联想到对应的功能和操作；

（2）同类或同一纬度的信息，在形式和色彩风格上尽量保持一致；

（3）可与交互文本结合应用。

图 5 - 5　交互界面与图像图标设计

设计师接到设计项目后，首先要了解用户需求，对每个功能图标的定义要非常清楚，否则设计的结果将导致用户难以理解或者出现使用上的障碍，这也是图标设计所关心的可用性问题。差的图标设计最终导致用户界面操作失败的体验。但视觉审美和可用性有时候是矛盾的，是两个方面的极端，只顾及可用性但忽视设计美观不可取，也不能只为了追求设计上的美而忘了这是功能性很强的界面图标。最好是能在两者之间取得平衡。

理解功能需求后，设计师要收集很多关于"词语—图形"之间转化的元素，用生活中的物或其他视觉产品来代替所要表达的功能信息或操作提示。例如"支付"一词会使我们想到银行卡、货币符号、POS 机、钱币、支票等。但到底选择什么来表达呢？原则上是越贴近用户的心理模型越好，用大家常见的视觉元素来表达所要传达的信息（图 5 - 6）。另外，隐喻也是在图标设计中必要的思维方法。找出物与所指功能之间的内在含义，要求设计师对生活有着细微的观察并展开丰富的联想（图 5 - 7）。这也是设计的困难点，做好一个图标设计不亚于一个好的产品创意设计。最终的图标制作也是体现设计师能力之处，特别是现在高分辨率的显示设备被大量应用，高质量的图标设计显得尤为重要。

总之，做好优秀界面设计的交互体验，不仅仅是追求美的图标设计，更是出于对用户的关怀和理解，这样才能达到用户体验设计的最终目的。

图5-6　用视觉元素表达信息

图5-7　图标设计

4．界面与音效设计

大部分界面上的信息反馈仍是基于视觉的，即通过在屏幕上显示不同的图像或文字来向用户传递信息。但是，合理地利用能达到最佳的用户信息反馈。音效一般应用于提示、提醒、赞助等信息的表述。交互界面音效设计有如下要点：

（1）音效设计要符合用户预期，音效表达的意义要准确；

（2）利用用户的听觉来向用户提供有用的反馈信息，以产生良好的音效感官体验（悦耳度、声响、时长）。

总之，音效反馈并不是在所有的情况下都适用，它取决于用户的使用环境是否允许发出声音，用户在该环境下是否能听到声音，还取决于产品为了提供音效反馈是否需要增加很多成本。例如，用户在打电话的时候，其所处环境一定是允许发出声音的环境。另一方面，电话自身的物理结构中已经天然地具备了发出声音的器件，因而在实现时不需要增加额外的成本。这就使得这种策略从用户体验和成本两方面来说都是可行的。

5．界面元素方向

当需要传达方向信息（向上或向下，向前或向后）时，界面元素方向是一个可以使用的有用变量。例如在一幅图中，可以使用朝下的箭头来显示股市的萧条。不过，某些界面元素的形状或尺寸规格会让方向很难被用户观察到，所以只能作次要沟通功能使用。

6．界面与肌理

在数字时代，视觉艺术充斥着人们能感觉到的一切。随着计算机技术的发展与成熟，交互界面也开始以一种艺术的表现形式出现在人们的生活中，提升着人们的生活品位与质量。肌理作为重要的视觉元素为优秀交互界面的设计助力。材质肌理是视觉传达设计中的一个重要因素。把材质肌理运用到界面设计能引发用户的共鸣，激发用户的点击兴趣。

肌理背景可以用于交互界面设计，现在很多界面设计（应用界面、产品交互界面、网页界面等）都喜欢加上一些简单而漂亮的肌理背景，使网页看起来更加漂亮自然，同时有助于界面功能模块区分等（图 5－8）。界面肌理选择粗糙的还是平滑的，柔软的还是硬朗的，规则的还是不规则的，这些都是交互设计师需要思考的问题。恰当地使用肌理背景能够大幅改善用户界面的易学性。

图 5 - 8　界面设计与肌理背景运用

7. 界面元素的位置

　　如同界面元素大小，界面元素的位置也有利于传达层级消息。界面元素的位置可以用来创造在屏幕上的物体之间、物理世界的物体之间的空间关系。空间关系还可以反过来暗指概念关系，即屏幕上聚集在一组的项目可以当作是相似的。使用空间位置来表达逻辑关系可以通过动作进一步强化。交互设计师可以利用用户的阅读顺序连续定位界面元素。对于用户而言，最重要或首先使用的元素放在左上角。在 iOS 的 Mail 应用中，从收件箱进入到单个邮件的水平动画加强了逻辑层级，而逻辑层级被用来组织该应用。

8．界面文字

使用界面文字必须谨慎，文字形状要清晰，版面编排要有条理（图 5 -
9）。为了使界面文字易于辨识，要注意以下几点：

（1）使用高对比文字，以确保文字与背景形成对比；

（2）选择恰当的字体和字号；

（3）简洁地组织文字，从而让文字易于理解。

图 5 -9　界面文字与版面

5.3.2　界面设计原则

界面交互设计原则是关于行为、形式与内容的普遍适用法则。它能促使
产品行为支持用户目标与需求，创建出优秀的用户体验。前面章节中关于交
互设计原则有详细的介绍，在此就关于界面设计的原则做简单且有针对性的
讲解。

对于界面设计原则，交互设计师应该做到如下几点：

（1）传达风格，传播品牌；

（2）带领用户理清视觉层级；

（3）在组织的每个级别提供视觉结构和流程；

（4）在特定屏幕上告诉用户能做什么；

（5）响应命令，反馈信息；

（6）把用户的注意力吸引到重要事件上；

（7）建立有凝聚力的视觉系统，保证体验一致性；

（8）最小化视觉工作量；

（9）保持简单易于辨别；

（10）用户界面要通过创建层级与之建立信息框架关系。

界面交互其实就是设计行为，行为就是一连串的动作，具体到动作中，每一个环节都会有一个受动的对象，比如点击按钮、弹出窗口、阅读弹窗内容、关闭弹窗等等。截取一连串动作中的一个对象（如按钮）来看，可分为前、中、后三个阶段：前期阶段，用户在点击前对于点击后的结果心理是有预期的，由之前界面的上下文等信息来决定；中期阶段，点击的每一步动作都需要按钮有反馈，鼠标进入按钮的感应区域并悬浮在按钮上，按钮应该有状态的变化，比如颜色变化、形态变化等；后期阶段，手动点击后弹出的对话框应符合用户的心理预期。比如按钮上边的文字是"下载"，用户的预期是下载文档，结果弹出一个对话框告诉用户积分不够，这样的体验就是不好的。不管是简单的界面操作按钮，还是复杂的登录注册流程，都适合用这三个阶段来划分。

对于界面设计原则，还有一个更为专业的划分方法，即按作用于不同层面细节的原则划分。它通常分为四类：①设计价值。这是决定界面设计是否有效的必要条件，其实也就是界面设计是否符合用户的需求，是否满足用户的目标，交互界面设计在这一层次能够为用户做什么。这一层次做不好，后边的工作便很难完成；②概念设计。用来界定和描述交互产品的定义、交互产品如何融入广泛的使用场景、产品是怎么使用的、以什么界面形式呈现给用户等等；③行为原则。描述交互产品在一般情景和特殊情景应有的行为；④视觉原则。即布局要突出重点、界面视觉设计简洁美观等等，都是描述行为及信息有效的视觉传达。

除了以上界面设计原则外，还有一项重要原则，那就是标准化和一致性。按照雅各布·尼尔森（Jakob Nielsen）的说法，单一界面标准能够提高效率、减少错误，改善用户学习界面的能力，使用户更容易地预见操作行为。标准化和一致性改善了易用性和易学性，降低了用户学习难度和成本费用。

5.3.3　创建界面框架

怎样构建大致的界面区块呢？首先，交互设计师可以将视图分为粗略的方块图，对应窗格、控制部件，以及其他高层次的部件（图 5 - 10）。在方块图中添加标签和注解，并描述每个分组或者元素如何影响其他分组或元素，方块间的箭头代表流程或状态的改变。构建大致的界面框架是一个反复的过程。

图 5 - 10　界面框架划分

设计框架定义了用户体验的整体结构，包括底层组织原则、屏幕界面上功能元素的排列、工作流程、交互形式、传递信息的视觉语言和品牌识别等。创建界面框架，应遵循设计形式和行为保持一致的原则。信息结构框架能够有效地帮助交互设计师、程序员以及设计团队理解界面，能够掌握交互的广度和深度。信息结构能够在深入设计和编写代码前勾画出贯穿信息内容的线索图。

信息结构框架设计的工作任务包括：创建内容清单、定义用户角色、理清交互流程和层级、创建界面路线图表、以"用户面向"的名称标记相关组成部分。构建信息框架首先要考虑客户当前的状况，预判未来（应用新界面后）的状况，这样更容易找出信息内容的差别、相关性，以及内容的变化，并评估用户的期望与现状的差距。通过差距分析后，会对界面存在的商业策略、界面用户期待的预期目标、新界面的使用如何以及更好地给用户反馈等提出建设性建议。

以用户体验设计师康斯坦丁·克莱默的建议来进一步说明，比如一家文具公司想在电子商务网站销售打印机，该公司作为网站设计团队的客户，未来目标就是通过电子商务网站卖更多的打印机。该公司想在网站主页上推广X型打印机，因为对用户来说这款打印机的价格合理、适中。但用户关心的不仅仅是价格，还有彩色打印的效果。作为网站设计团队，首先要做的是通过评估，寻找客户（想卖打印机）和用户（想买打印机）的交集并确保这些信息被清晰地表达出来。设计师要理解这些信息之间的冲突，并基于用户的行为按优先顺序确定解决方案。这种解决方案是建立在对用户和客户的需求搜索和研究的基础之上的。信息构建的结果是一张能够反映信息内容区块关系的图表。图表有多种叫法，如站点地图、站点层级图、站点图表、蓝图或者界面地图（路线图）等。

交互界面框架不仅要对高层次的界面布局进行定义，还要定义交互产品的工作流、行为和组织，它的主要作用是：

（1）定义形式要素、姿态和输入方法；

（2）定义功能组和层级；

（3）勾画用户框架；

（4）构建关键线路场景剧本；

（5）运用验证性场景来检验设计。

5.3.4　界面流程图

界面流程图（图5-11），又称"OP图"，它借助原型图描述任务，关注用户与系统交互的操作细节，使整个流程看起来更加生动且顺畅。界面流程图可帮助设计师检验产品或者服务的功能是否齐全，避免出现流程缺陷。一张 OP 图由界面原型图及简单的文字线条构成，能够表示用户的操作和界面跳转之间的关系。在必要的时候，还需要在 OP 图上添加用户操作的反馈。OP 图不仅能帮助设计人员理解程序的工作流程，也能帮助程序员理解开发程序，在开发优化过程中是一种不可或缺的工具。对于一个应用程序，至少需要一张 OP 图来表示应用主功能的工作流程，根据需要，还可以考虑是否添加其他 OP 图。随着对流程架构的不断修改，一个项目中，设计人员往往会绘制多个版本的 OP 图，直至确定最终版本。

设计师确定了流程框架的定义后，会发现设计的剩余部分都变得明朗起来，关键线路场景的每一次重复都更加细化了设计流程，交互产品的整体连贯性和流畅性也大大加强。这个阶段是转换到提炼阶段的过渡期，设计的产品基本已经初具模型。设计细化的基本路径流程和开发设计框架的过程大体类似，只不过关注更深且更细微的方面。

除了要优化网络和布局，设计师必须正确地构建出高效的逻辑路径，让用户可以沿着这个逻辑路径与界面展开互动。同时必须考虑到用户的阅读习惯是从上到下、从左到右，好的逻辑路径应与用户阅读的视觉流程匹配。

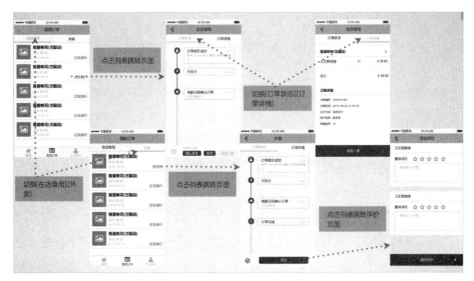

图 5-11　界面流程图

5.3.5　信息结构的全局导航和语境导航

信息结构表现的是不同内容之间的关系，以及导航是如何起作用的。导航一般有两种类型：全局导航和语境导航。全局导航在用户界面的每一页都会出现，如主页链接、帮助链接、打印链接等。语境导航在用户界面的特定区域或特定主题页面才会出现，如安装软件时，视窗内的选项按钮是由安装进程所到的步骤确定的。

信息结构表有多种布局方法，其中常见的有两种，一种是分层的网络结构，每一行代表一个层级；另一种是导航语境结构。两种方法中，信息结构的内容层级显示的是关联层级，一般包括主层级（1）、子层级（2）、子层级（3）等。这种内容层级反映的是交互设计师在做界面设计时视觉层级的确定。对于交互设计师来说，理解信息构建过程是很有必要的，因为他们需要对交互结构的基本原理作出评估。

用户界面路线图可以让设计团队轻易地看出内容与导航的层级，以及相关内容区块的"父子"关系，也可以看出导航是线性的（一屏接着一屏）还是非线性的（按用户选择顺序从一屏跳到另一屏），还可以看出哪里需要全局导航，哪里需要语境导航。

5.3.6　界面层级结构

用户需要把导航、内容以及能用的选项区分开。界面层级结构可以用来区分界面要素，区分的时候要先把界面要素按重要性进行视觉分级，并始终保持一致。标题、导航和内容形成的视觉分级取决于用户所在界面的具体内容。界面层级结构要确保用户能够轻松地使用界面，找到想要的内容并能进行有效交互。

交互设计师所采用的用来组织视觉要素的界面层级结构是一种网格结构，在组织视觉要素时，这种网格既可以高度结构化，也可以采用不固定形式，或采用对称、节奏和重复等手段来处理、平衡视觉要素，从而帮助用户理解指示内容和将要进行的步骤。这种操作和处理是通过视觉重复进行的，可以让用户的视线在重要的视觉要素前掠过或暂停。

交互设计师所采用的界面层级结构设计手段，能够创造出贯穿内容，且不受阻碍的行动和路线。通过在隐藏的网格上构建视觉层级，可以引导用户在当前的界面上找到他们需要看到的部分（图 5 – 12）。比如智能手机应用程序中的"双层抽屉"：用户通过向左滑动主界面显示右侧界面，向右滑动主界面显示左侧界面。这一功能在 iOS 系统和安卓系统的许多应用中都很常见。

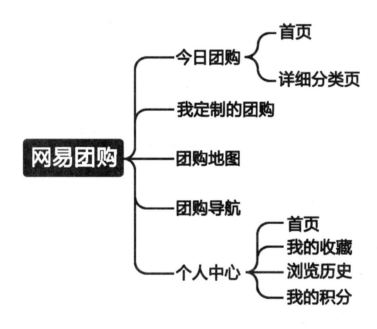

图 5 – 12　界面信息层级结构

界面层级的使用基于设计过程，要让用户对界面有积极的情感反映。如果界面层级结构设计良好，用户使用时会产生愉悦感，可以达成满意的用户体验。一旦界面层级结构让人困惑，用户便会发生使用障碍，从而抱怨界面设计不合理。组织信息结构设计的原则就是要明确、有特色、简洁、顺畅。简单来说就是，不要追求信息量大和全，而要从大量的信息中挑选有特色和吸引力的信息点，作为整个页面信息结构的核心。

界面层级结构有助于界面导航重要信息的传达，用户知道什么时候是全局导航，什么时候是语境导航。因此，用户界面设计的每一个视觉要素都应提示重要导航信息。任何突出显示的要素都应该是有原因的，否则将会给用户带来困扰。界面层级结构的构建应当遵循一定的规律和标准。

5.3.7　界面设计与主题风格

主题风格是指一套相关预设计元素、图形和规范的集合，其用途是保证界面设计的主题风格与企业品牌之间的协调一致，并最终打造出核心化的用户体验。主题风格能够保证不同的页面共同拥有优良的体验效果。另外，还有助于保证未来的开发或第三方创作工作不偏离最初的企业品牌路线，能够与整体品牌保持一致。

不同的行业突出的主题不一样，设计师要对目标企业进行有针对性的设计，突出企业的优势。主要可从如下几点考虑：

（1）主题风格是否符合当前主流的浏览器，例如电脑端和手机端，设计的风格是否与企业品牌文化一致；

（2）界面设计突出简洁性；

（3）设计突出企业和品牌优势，突出企业的服务内容、产品主题介绍以及相关联系；

（4）设计风格色彩不能太杂，一定要有主色系以加深用户品牌印象。界面整体风格要有统一性和条理性。

5.3.8　触摸式交互界面

对于设计师来说，对物理材料如纸张、塑料或布料的选择就好似字体、颜色和行距的选择一样，是视觉传达中的重要部分。随着平板电脑的普及，触控式交互设计被越来越多的人所熟悉和使用，手指的自然操作方式让人机交互和信息的传递更加易用与自然（图5-13）。现在，触摸式操作成了主流，用户与界面系统的交互方式正发生着改变。

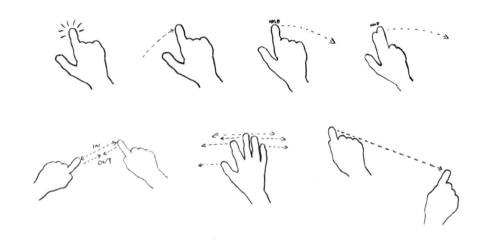

图 5-13　触摸式交互操作

　　科学家们已经在试产肌理触摸屏的原型了，如果这项技术得以实施，很可能对设计师产生巨大影响。有关物理材料（如包装设计等）的非数字类的设计课程和技术将会对未来的界面设计非常有用。包装设计也将视觉和触觉整合到图形化的设计体验中。苹果公司的产品就是一个典型的例子，它通过优良的包装设计带给用户良好的体验。良好的用户体验会调动用户所有的感觉系统（尤其对材料的感觉），这在未来的触屏设备设计上将越来越被重视。

　　在触摸屏的性能不断完善、市场占有率不断提高的背景下，越来越多的用户用手指进行交互操作。关于手指的一些人机工程学，也应该作为设计的考量。新的交互形式，需要设计师不再局限于视觉和信息层级方向的设计，还要多借鉴设计中人机交互的一些观点。触摸屏不仅仅是视觉交互，还包含了很多人机工程学的因素，这些都是值得设计师们进行深入研究的。

5.3.9　标签系统设计

　　标签系统由标题和文字等组成，引导用户找到想要的信息。每个标签都是系统的一部分，系统需要使用对用户有意义的语言描述分类目录、选项及链接。标签是最初诞生于印刷业的一个名字，是用来标注目标分类或产品详情的东西。在架构设计中，标签设计是不可缺少的一环。标签是从人们日常生活中常用的实物标签发展而来的。在网站建设内容中，标签是一个重要的元素，它是一种互联网内容组织方式，是相关性很强的关键字，它帮助设计师轻松地描述和分类内容，便于检索和分享。不仅是网站界面的设计，在移动端的架构设计中，标签也是一种被经常使用的工具（图 5 – 14）。

图 5 – 14 界面标签设计

交互设计师可以结合用户研究的结果，采用卡片分类的方法，进行标签的定义，同时可以参考搜索条件、引用条件以及现有的标签，定义标签。那么如何获得设计标签的灵感？

（1）向用户学习。努力将标签系统和用户期望匹配。虽然很难设计出一个单个的、完善的系统满足所有用户的需求，但目标是可优化的，这个过程中可以使用卡片分类方式。

（2）使用词典和词汇生成器。当中途遇到难题的时候，要集思广益，想出尽可能多的替代方案。翻阅字典，寻找同义词和其他可替代的词，也可以求助于关键词建议工具。

（3）观察竞争对手的界面设计。同行业和市场的网站，其标签的模式也相似。观察竞争对手的界面设计手法，对于设计师给导航和界面功能加标签具有启发意义。

（4）查看搜索日志。如果用户没有在界面上找到可以作为标签的词汇，用户便会进行搜索。搜索日志中的记录代表了用户期望看到却没有看到的标签。寻找这些语言中的模式，以及用来描述界面内容的用词，是获得定义标签灵感的一个主要来源。

（5）使用"Tag"（即关键词）标记。自由使用"Tag"的网站界面越来越受欢迎。交互界面允许人们使用"Tag"来收藏界面，便于日后取用。对设计者而言，"Tag"也是潜在的标签来源。

设计师在定义标签时应注意，标签要具有匹配一致性，并且符合用户的使用方法；还要能够正确地表述目标或内容。

5.3.10　界面导航设计

界面导航关心的是用户如何更方便地浏览和收集信息，以及如何有效地引导用户进行下一步的操作。导航包括导航条、超链接、按钮和其他可点击的项目（图5－15）。导航的类型主要包括横向导航、纵向导航、倒L形导航、选项卡导航、下拉式导航、弹出式导航、整页导航、页内导航、上下文链接和相关链接，还包括面包屑导航、标签云、网站地图、页脚、索引和过滤器等。移动应用的导航模式包括跳板式导航、列表菜单、标签菜单、画廊式导航、仪表板、隐喻和大数据量菜单等，也有页面切换式导航、图片切换式导航和扩展列表式导航这些次级导航模式。

导航不是简单的一个图形，它是一个完整的系统，链接了不同的模块和不同的需求。对于界面设计而言，导航的功能是：①在交互界面里给用户指出浏览路径；②引导用户浏览所需的内容或功能；③显示信息的上下文；④显示相关的内容；⑤帮助用户找到未知的信息。

图 5 – 15　界面导航设计

导航设计有一个共同的目标：创造轻松、易操作的信息交互，便于用户快速高效地找到所需的信息。成功的导航有以下几个特点：①平衡。这里的平衡是指广度和深度的平衡，即单个界面上可见菜单项的数目与层级结构中级别数目的平衡。②易于学习。导航的意图和功能必须一目了然，对以赢利为目的的大信息量界面设计如此，对任何类型的界面导航也是一样的。③一致性和不一致性。这里的一致性指的是：链接机制出现在页面中固定的位置；其行为可以预料；有标准化的标签；在网站中看起来都一样。这里的不一致性指的是：导航机制在位置、颜色、标签和总体布局上的变化，这样能够创造界面的行进感。④反馈。导航系统应该给用户提示，指引用户如何导航。文字和标签是用户识别选项或当前界面主题的主要方式。⑤效率。即信息的路径应是有效率的。应该努力创造容易看到和点击的导航链接、tab 和图标，避开那些不必要的点击。⑥明确的标签。链接的标签对于创造强烈的信息氛围是十分关键的，应避免使用专业术语、品牌名称、缩略语和其他不适宜的字眼。⑦视觉清晰。颜色、字体和布局都有助于更丰富的信息体验。视觉设计不仅仅是让外表看起来不错，它还能创造更好的方向感与更佳的导航可用性。⑧与界面类型相称。导航成功与否，与其所在界面的类型息息相关。不同类型的网站对界面导航的要求也是不一样的，例如信息类的界面应增加导航的广度，学习类的界面导航就应该简单而明确。⑨与用户要求一致。导航成功与否与目标群体及其信息需求相关，但是确定信息需求并不容易，首先设计师要定义好目标群体，其次是找出每个群体的主要信息需求。

对人机交互界面设计，人们通常是自上而下思考的，因此为了增强交互性，导航应该顺畅、明晰、方便并容易使用，导航的标签应该简洁、面向用户并容易理解掌握，这样才能确保用户有贯穿界面的逻辑路径。在平板电脑等小屏幕设备上，导航的层级会有很多限制，为了弥补这些限制带来的不便，应该尽早并经常进行设计测试。因为无论是网站界面、应用软件界面，还是蓝光播放器界面或者视频游戏界面，导航一般都包括标签、菜单、按钮和链接，用来指示导航动作，这样有助于用户理解所处的交互结构中的位置，知道接下来能做什么。如果用户不知道如何使用导航，那么他们将会被界面困扰，所以测试至关重要。测试应针对"真实"用户进行，而不能针对设计团队。测试应尽早开始，甚至在概念构思阶段就要进行。

5.3.11　界面布局设计

界面布局设计（图 5 – 16、图 5 – 17）通常需要考虑使用的设备的规格尺寸。硬件屏幕界面尺寸的不同，意味着相同的功能模块需要根据用户操作习惯做出兼容且适配的改变（图 5 – 18）。以手机终端界面布局设计为例介绍移动设计中界面的布局类型。

图 5 – 16　界面布局（一）

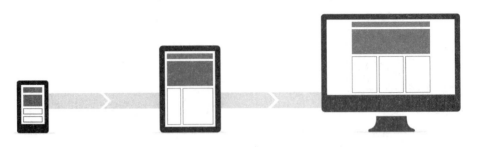

图 5-17　界面布局（二）

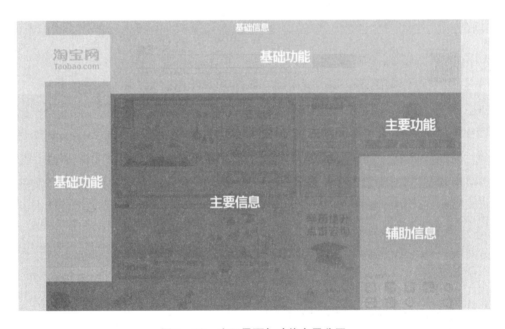

图 5-18　交互界面与功能布局分区

（1）竖排列表。竖排列表是最常用的界面布局之一。手机屏幕一般是竖排列表显示，文字是横屏显示，因此竖排列表可以包含比较多的信息。列表长度可以没有限制，通过上下滑动可以查看更多的内容。竖排列表在视觉上整齐美观，用户接受度很高，常用于并列元素的展示，包括目录、分类、内容等。

（2）横排列表。横排列表是把并列元素横向显示的一种布局。我们常见的工具栏、tab、coverflow（苹果公司首创的将多首歌曲的封面以 3D 界面的形式显示出来的方式）等都采用这种布局。受屏幕宽度限制，这种布局可显示的信息数量较少，但可通过左右滑动屏幕或点击箭头查看更多内容。这些操作需要用户进行主动探索。横排方块布局比较适合元素数量少的情形，当需要展示更多的内容时，竖排列表则是更优的选择。

（3）九宫格。九宫格是非常经典的设计，展示形式简单明了，用户接受度较高。当界面元素数量不变且固定为 8、9、12、16 时，则适合采用九宫格布局。虽然它有时候给人以设计老套的感觉，但它的一些变体目前仍比较流行，比如 Metro 风格，Metro（美俏）是微软在 Windows Phone 7 中正式引入的一种界面设计语言，也是 Windows 8 的主要界面显示风格，采用的是一行两格的设计。

（4）tab 标签。采用 tab 标签可以减少界面跳转的层级，可以将并列的信息通过横向或竖向 tab 标签来表现。与传统的一级一级的架构方式相比，此种架构方式可以减少用户的点击次数，提高效率。当功能之间联系密切，用户需要在各功能之间进行频繁变换时，tab 布局是首选。

（5）多面板。多面板布局常见于 Pad 终端和手机终端。多面板很像竖屏排列的 tab，可以展示更多的信息量，操作效率较高，适合分类和内容都比较多的情形。它的不足是界面比较拥挤。

此外，还有手风琴导航、弹出框、抽屉侧边栏以及标签式的布局等等，也是值得设计师采用的界面布局。

5.3.12　动态效果设计及音效设计

1. 动态效果设计

动态效果设计有时也称为运动图形设计（motion graphic design）。严格意义上讲，运动图形设计是动态设计里的一个细分的风格，但由于它极具代表性且作品数量众多，在一些专业设计师的定义里两者逐渐趋同。它是遵循平面设计原则并加入了视听语言，用视频或动画技术创作出一种动态影像的设计形式。常应用于电影的片头片尾、广告末尾的标志动画，以及电视包装当中常用的 logo 演绎等。而随着多媒体行业的不断发展，动态效果设计涉及的领域也开始细分，越来越多的从业人员从电影、电视这些传统的领域向其他新媒体迁移，这其中就包括互联网行业。动态效果设计主要应用于产品展示、品牌建设、动态原型展示、趣味性应用等，其作用有：①引导用户达到某种目标。早期互联网产品动画较少，大部分动态效果设计都是为了解决某个具体的交互问题，有很强的目标性。比如 iOS 系统上图书的翻页效果，由于用户对手势翻页没有很好的认知，难以适应，所以需要模拟真实的翻书效果让用户适应。②让界面更灵动活泼。随着扁平化结构越来越流行，设计师都开始采用更简单的元素，尽量去突出内容。但是如果只是纯粹的扁平，未免有点太粗糙了，会给人一种界面死板、没有设计的感觉。而动态效果设计可以让扁平的界面活泼起来，很好地解决了这个问题。在动态效果设计中，转场动态效果是为了使不同界面切换时更加平滑顺畅，或暗示用户一种新的操作方式。一般而言，转场动态效果在应用界面中给用户指引方向，防止用户"迷路"。

2. 音效设计

音效设计是一种和声音相关的研究和设计过程。在该过程中，声音被看作是传递信息、含义及交互内容的重要渠道之一。在语音交互界面设计中，声音既可以作为过程的演示，又可以作为输入的中介，达到调节、交互的目的。

在封闭环境下的交互中，用户的听觉和行动间有紧密的联结关系：用户操控一个发出声音的界面，声音的反馈亦影响用户的操控。听声音不但可能激发听者产生一种心理反应，也可能让听者（即用户）为自己进一步的反应做准备。声音的认知符号可能和行动计划模式相联系，声音也能为听者提供进一步反应的线索。同时，音效交互具有影响用户情感的潜质，声音品质影响用户的交互体验是否愉快。

第6章

原型设计

原型设计是交互设计师与产品设计师（PD）、产品经理（PM）、程序开发工程师沟通的媒介。交互设计师凭借专业的眼光与经验来评估交互设计的可用性，通过原型可以更好和更深入地检验设计方案。简单来说，就是将界面的模块、界面的元素、人机交互的形式利用模型描述的方法，将交互产品更加具象且生动地表达和呈现。原型设计有很多工具，如实物模型、纸面原型、高保真原型等。它既是测试设计的工具，也是沟通的媒介。

6.1　实物模型

实物模型是使用一些实物元素来表现实物形状或者情境等，用以阐述设计想法或者创意理念。实物模型可以是比例模型或与实物大小一样的模型（图6-1）。如果该模型已经实现某些功能，那么在创建实物模型时也能充当原型，用来表达设计概念，也可以评估测试其设计方案。设计师可以根据实物模型来收集用户的意见及回馈。

实物模型具有直观准确的特点，在交互设计中有着举足轻重的作用。交互设计师通过实物模型的制作，可以对设计方案进行反复的推敲和修改，从而优化设计方案。同时，模型也是设计师向非专业人士展示设计方案的重要手段之一。在二维平面上表现三维形态存在着一定的表现局限性，因为它不能全方位地真实表现出设计内容。而三维立体实物模型可弥补二维设计表现的不足。产品实物模型具有立体、全方位的展示效果，以便于设计师进行综合分析与研究，找出设计中存在的缺点与不足，不断完善设计。

图 6-1　电磁炉产品实物模型

6.2　低保真原型

6.2.1　纸上原型

纸上原型是低保真原型的一种，虽然很粗糙，但通过纸面原型的转换能够得到用户系统真实的需求反馈，且允许多次评估和迭代，从而达到改善设计方案的目的。纸上原型的优点有：①初期就可以被经常应用；②易于创建，使用成本低；③从纸质模型中可以初步看出设计思想；④技术要求不高，不需要特殊知识，任何小组成员都能创建。

但是，其缺点也是不容忽视的：①纸上原型不是全方位交互式的；②不能计算响应时间；③不能处理界面问题，如颜色和字体大小等。

这种粗略的、低保真度的纸上原型（图 6 - 2、图 6 - 3），主要用于测试用户对界面的功能和交互流程的反馈。为了测试设计方案的充分性，屏幕和要素变化等界面的所有组成部分都应画出来。测试时，给用户提供第一页"纸屏"并让用户执行相关任务，围绕既定的任务，可以找到需要解决的相关问题。纸上原型测试时一次需要一张纸。一张纸代表的是一个窗口、一个菜单或者一个动作等。用户可以用手指点击确定要链接的部分，每点击一次，纸屏会随着改变一次，代表一个交互步骤。如果要对新增的元素进行测试，则要在测试前制定好对应的纸上原型。

纸上原型测试对早期阶段的用户分析，以及对设计团队与目标客户的沟通与协调起着重要作用。设计团队通过观察和测试纸上原型会发现设计所存在的问题，能帮助设计师理解用户的思考过程。这种低保真原型测试的方法对用户界面设计非常有价值，且效率较高，同时也会让客户对最后的设计方案充满信心。

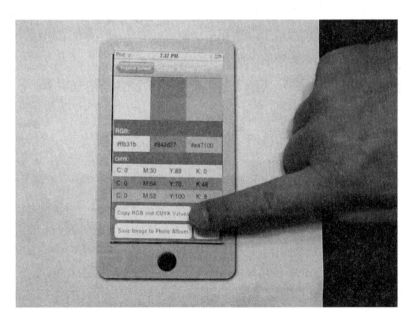

图 6 - 2　纸上原型测试（一）

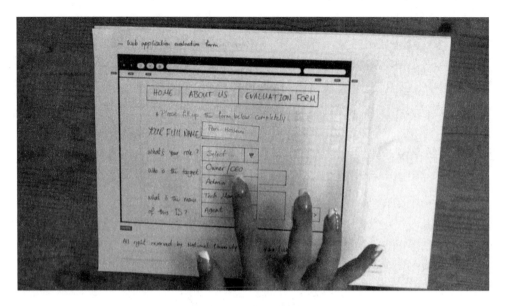

图6-3　纸上原型测试（二）

6.2.2　线框图

　　线框图是低保真原型的一种，是一种静态的呈现方式，设计师通常使用纸笔来表达自己的想法，只要能明确表达内容大纲、信息结构、布局、用户界面的视觉以及描述交互行为即可（图6-4）。就像建筑蓝图一样，主要描述该如何建造建筑。绘制线框图重点就是要快，并且明确表达自己的设计想法。它不是美术作品，无需过多的视觉效果，黑、白、灰通常是它的经典用色。

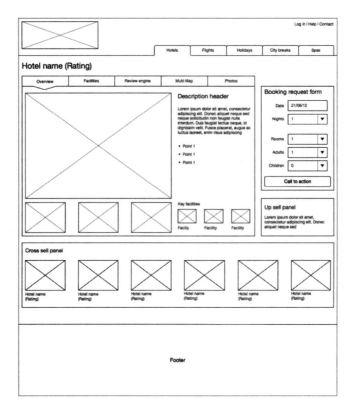

图 6 - 4　线框图（一）

通过线框图的轮廓，可以测试用户界面各个组成部分的功能，以及计算机编程和视觉传达等问题。操作时，将界面勾画在纸上，其中可能不涉及品牌或形象要素（只有导航标签和标题）。

线框图作为一种有效的工具，可以用来测试设计早期阶段设计团队的初步构想，表现用户界面每一屏的逻辑、行为和功能，并让设计师看到内容的指向和需要的链接。这种信息最终需要变为可用的、直观的界面，面向用户。这都依赖于交互设计师及设计团队的沟通协作。线框图不是最终的界面设计，只是确定界面设计所包含内容的一种方法。它需要考虑界面初步功能布局、导航方式（触摸、鼠标、体感输入等）。用线框图这种很基本的方法可以表现视觉层级、导航顺序和内容区块的可能框架。

线框图只有方框和极少的文字，不需要编写程序代码，只呈现界面特征的整体感觉（图 6 - 5），所以线框图主要由信息构建师完成。但设计团队的交互设计师应该尽早对线框的视觉传达方面提出专业的建议，这样可以使用户的体验需求与代码编写保持平衡，避免给后期设计阶段带来困扰。进行设计决策讨论时，线框图对于传达各种可能的设计方案至关重要。当设计师为数字媒体进行全像素比例的草图设计时，可以用线框图快速地对实际用户进行测试，进行非正式的对话。这是一种快速测试界面功能的方法，便于之后的视觉传达优化。

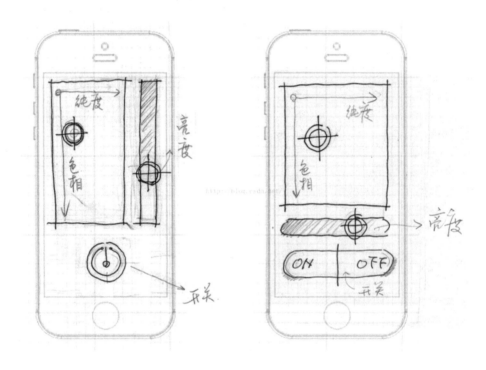

图6-5 线框图（二）

尽管线框图不是十分注重美感，但对于标题、页脚、侧栏、导航、内容区块和次链接的全尺寸位置的显示仍然很关键（图6-6）。它还可以强调最终设计需要的要素和变量数目。线框图不是"只需要颜色"的设计，它是一种辅助设计师进行设计修改的有效方法。因为当用户流程确定后，设计师要与信息构建师协商，并帮助其完成能够表现每一屏界面特征的线框图，展现出最终界面需要的设计要素范围。

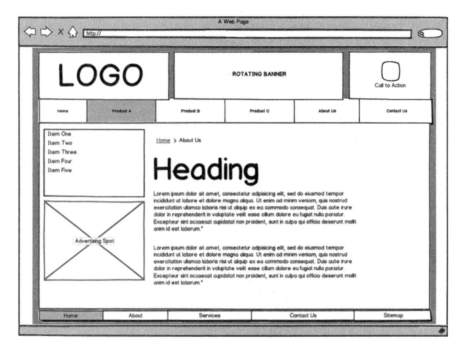

图 6-6　线框图（三）

6.3　高保真原型

　　"高保真"并非一个既定的目标，高保真、低保真原型都是一种与用户沟通的媒介。一般来说，高保真原型的制作跟真实产品的一样。高保真原型主要是从两个方面进行研讨：一是视觉效果；二是可用性，包括用户体验。高保真的"高"是以完整的、可为用户服务的交互产品为标准的。交互产品的诸多元素，如目标用户、用户需求场景、信息架构、布局、控件逻辑、尺寸、色调、肌理、风格等等，被填充得越丰满，对最终交互产品的"模拟"程度就越高。所谓的"高保真"可以是对外观的高保真，也可以是对交互逻辑的高保真，或者对计算机程序代码性能、流量消耗的高保真（图 6-7）。

图6-7　高保真原型

　　因此，高保真原型应该是产品逻辑、交互逻辑、视觉效果等极度接近最终产品的形态，包括原型的概念或想法说明、详细交互动作与流程、各类后台判定、界面排版、界面切换动态、异常流处理等。但高保真原型也意味着大量的资源投入。

　　通常，高保真原型设计的步骤是：建立控件库—建立组件库—绘制流程图—设计关键页—设计辅助页—故事版—原型注释。

　　同时，制作高保真原型要注意如下事项，以保证原型设计的高质量、真效果：

　　（1）灰度线框图的颜色会干扰视觉设计，效果会影响大家对易用性的判断；

　　（2）清晰地展示流程，好的操作流程是易用性的最基本标准；

　　（3）关键功能要有故事版，让用户更好、更快地理解交互产品；

　　（4）要有注释，图只能展示界面元素，图文并茂才能准确、全部地传达设计思想；

（5）要具有一致性，一致性会降低用户对界面的学习成本；

（6）要具有规范性，好的软件或者界面绝对是规范的，给用户带来有序、有逻辑性的体验。

总之，高保真原型设计所起到的不仅是沟通的作用，更有实验之效。通过真实内容和结构展示、详细的界面布局及高质量的界面效果，能够了解用户将如何与产品进行交互，体现开发者及交互设计师的创意、用户所期望看到的内容以及内容相对优先级等等。

6.4　用户模型

6.4.1　用户模型的定义及相关理论

用户模型也称"用户角色""人物角色""人物模型"，是设计师的展开交互设计探索的重要工具，是能代表目标用户的原型，也是激发设计团队灵感的一种重要形式。通常会包含某一目标用户群的基本信息，包括年龄、经济收入、职业、生活环境等，重点描述产品在使用过程中的用户目标或使用行为。用户模型包括用户需求、兴趣、期望和行为模式等，本质上是通过对目标用户的研究所得的信息清单，也可以看作是设计师对典型用户较深入理解的交互设计。这种方法其实就是把抽象的设计过程人性化，有助于设计师为实现用户有价值的目标，合理运用交互界面而得出解决方案。

为了解决用户易用性的问题，在设计流程中引入了"用户模型"这一概念。它像一把会说话的标尺，让设计团队的每位设计师都能够直观地知道设计对象是谁，增、删交互界面功能点的标准是什么，以及交互原则繁简的趋势怎样定夺等，让设计结果具有代表性。用户模型的用户是代表一群目标用户并拥有典型特点和行为的虚构性人物，"他"的设定是通过归纳用户调研过程中产生的大量数据，生成一个或者一组具有代表性的模型，即用户角色。

"他"在整个设计过程中扮演一个真实的人物角色，帮助设计师改良用户体验。

　　用户模型是经过归纳总结后抽象出来的，是这个目标用户群体的表征，实际上并不存在。虽然用户模型不是具体的某个用户，但是它的内容是由观察、记录真实用户的行为和习惯综合产生的，是真实人物的映射。所以，用户模型重点关注的是目标用户群体的显在需要和潜在需要。通过构建用户模型以及用户的目标和行为特点，来帮助设计师分析需求和设计交互产品（图6－8）。

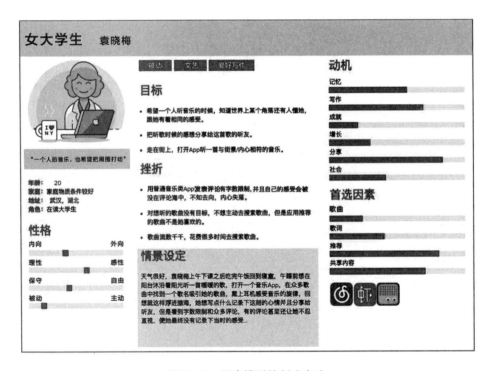

图6－8　用户模型的创建方法

　　对于设计师来说，明确理解用户"想做什么及为什么这么做"是设计产品或服务的关键。设计师对用户的理解或者洞察，是建立在深入分析目标用户的基础上的。通过对目标用户的了解，可以逐步提炼用户的需求，并构思设计交互产品。然而，随着研发进程的推进，对用户的大部分理解在设计的过程中渐渐消失了，因为不同的设计师乃至决策者，经常会在产品原型产出后再次修改设计方案乃至整个产品方向。

那么为何会出现这种情况？本质上讲，用户是复杂多样的，在整个设计开发过程中没有一个具体的、强有力的形式来表达目标用户，决策者与设计师很容易按照自己的想法来设计交互产品。这种闭门造车的方法会导致设计师忘记目标用户的雏形。因此，一个可信的、易于理解的用户模型需要贯穿在设计流程中，用户模型应该是一个鲜明的形象，就像生活中的某个人，我们可以通过与"他"建立关系来理解和分析用户需求。比如腾讯在开发、设计交互产品时，经常使用用户模型来帮助设计师理解用户。用户模型在整个开发周期中都具备指导作用。

欧美国家的设计师们对用户模型进行了许多研究并获得了成果。设计师约翰·普瑞特（John Pruitt）和塔玛拉·阿德林（Tamara Adlin）提出过"人物角色周期（Persona Lifecycle）"的概念，他们认为设计人物角色（即用户模型）应该遵从与人类的出生和成长相似的五个阶段：计划、构思与孕育、诞生与成熟、成年、获得成就与退休。他们强调应将人物角色的作用植入到整个设计。实际上，在紧张的交互产品开发中，很难有团队严格按照以上的五个阶段使用用户模型，也就很难发挥它的作用。

与普瑞特和阿德林不同，设计师艾伦·库珀（Alan Cooper）则更关注设计，认为应该有一个明确的目标来建立用户模型。库珀强调通过理解用户的目标和动机，探索使用情景并从用户研究数据中获取灵感，最终转化成交互设计思路。2006 年，Symplicit 团队与一所大型通信公司研究过音乐如何影响用户的生活。他们着重于观察和记录用户在日常生活中是如何与音乐交互的、何时及为何与音乐产生交集。研究人员从一系列的针对目标用户的访谈开始，每日跟随和记录用户与音乐交互的场景并反馈给设计团队。基于研究结果，Symplicit 团队提出了一系列用户参与的场景并有效地向产品团队解释了用户与音乐交互的细节及原因，如用户何时会触发购买及下载行为，为何会有这种行为。随后产品团队根据这些反馈重新设计了手机平台。令人振奋的是，产品上线后，移动端的销量增加了 29%，这足以证明准确地理解用户需求对于好的交互产品来说是多么重要。

用户模型源于定性研究，比如从访谈和观察产品用户、潜在用户（有时是顾客）中所了解到的行为模式。补充数据可以通过主题专家、利益相关者、定量研究，以及其他可用文献提供的补充研究和数据获得。

通常，用户模型有其 6 种人物模型，大致按照以下顺序选定：

（1）主要人物模型；

（2）次要人物模型；

（3）补充人物模型；

（4）客户人物模型；

（5）接受服务的人物模型；

（6）负面人物模型。

6.4.2　用户模型的优缺点

用户模型能够帮助我们探索用户不同的使用方式及其对设计的影响。它是一种好的沟通媒介，能够帮助设计师创造出满足用户可用性需求的交互产品。它的优点有：①创建角色比较迅速、容易；②为所有团队成员提供一致的模型；③很容易与其他设计方法结合使用；④使设计师的设计更符合用户的需求。

但是，用户模型也有缺点，比如：①可能会有太多角色，使设计比较困难；②角色创建中加入设计师个人无根据的假想可能会给设计带来问题。

总之，用户模型是围绕着用户进行数据调研，根据多方面的考察建立一个可以用来测试沟通的用户模型。通过这个模型，设计团队成员可以频繁交流并不断完善设计方案。

6.4.3　用户模型构建方法

用户模型用于描述用户的交互行为过程、认知过程以及所需要的系统条件。用户的感知、思维、动机、态度、行为等方面都可能影响用户任务的完成过程。用户模型以用户为核心，如同许多模型一样，它是建立在对现实世界的观察基础上。

一个用户模型包括以下 7 个活动要素：主体（活动的执行者）、客体（被操作的对象，指引活动方向）、结果、工具（客体转换过程中使用的心理或物理媒介）、规则（对活动进行约束的规则、法律等）、共同体（由若干个体或小组组成，对客体进行分享）、分工（共同体成员横向的任务分配和纵向的地位分配）。这 7 个活动要素可以组成四组"子活动三角"，反映了一个交互产品或交互系统的不同层面（图 6-9）。

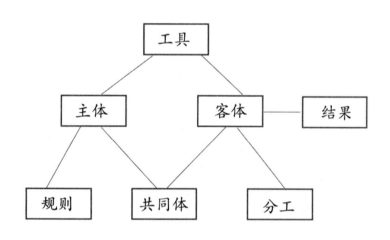

图 6-9　用户模型与活动要素关系

在与用户对话的过程中，针对问题连续问"五个为什么"，可以很好地引导用户去探究和解释他们的行为或者某种态度的深层原因。这里的"五"并不是指数字五次，而是反复提问，直到找出根本原因。这种方法用于探究造成特定问题的因果关系，其最终的目的在于确定特定缺陷或问题的根本原因。

构建用户模型主要分为整理数据、细化用户模型和验证用户模型三个步骤。

1. 整理数据

整理数据的关键是类别区分，表面上类似于用户市场细分。用户市场细分是市场研究中常用的方法，通常基于人口统计特征（例如性别、年龄、职业、收入和消费心理），分析消费者购买产品的行为。

2. 细化用户模型

用户模型要包括一些可用于定义的关键信息，如目标、角色、行为、标签、环境和典型活动。细化用户模型包含以下几方面内容：

（1）用户模型的名字。没有名字的用户模型是冰冷的、数据化的，名字一方面减轻组内成员记忆的负担，即让人们一提起这个名字就能想到这个用户模型；另外一方面也能够起到标签化的概括作用，便于更好地理解。

（2）人物照片的挑选。挑选照片是一个比较主观的过程，是为了能最大限度地反映人物特征。

3. 验证用户模型

验证用户模型的方法就是把与用户模型相匹配的目标用户集中起来，进行一次焦点小组访谈，通过观察和问答的方式，直接获得用户反馈。当条件允许时，可以通过上门访问的方式，亲自观察、访谈，获知用户在现实中的工作和生活状态，将所获得的信息反馈来作为检验用户模型的标准。

总之，设计师在进行用户模型定义时，一般关注以下几个要素（当然，设计师可根据实际情况适当增加或扩充其他相关要素）：

（1）用户的基本信息。包括头像、姓名、年龄、职业、教育背景、性格、与其他角色的关系等。

（2）与产品相关的用户背景或生活方式。如活动（用户用产品做什么，频率和工作量如何）、态度（用户如何看待产品、所在知识领域和技术）、能力（用户的学习能力）、动机（用户为何会使用该产品）等。

（3）用户目标。包括体验目标（用户想要感受什么？例如"感觉很舒适，有控制力"）、最终目标（用户想要做什么？例如"找到喜欢的歌曲或音乐专辑"）、人生目标（用户想要成为什么？例如："让我周围的人喜欢并尊敬我"）。

（4）面临的困难。如该如何解决温饱型用户模型。

（5）主要任务。如改善伙食、查找附近的餐馆等。

（6）日常行为描述。

综上所述，对于"用户的行为如何？他们怎么思考？他们的预期目标是什么？为何制定这种目标？"这些问题，用户模型给设计师提供一种精确思考和交流的方法。用户模型并非真正的人，而是来源于众多真实用户的行为和动机。它建立在调查过程中发现的行为模式基础上。

　　用户模型，让设计师理解特定情境下用户的目标，是构思并确定设计概念的重要工具。用户模式决定了用户对产品的理解方式是否易学易用。设计师创建用户模型的目的就是为了尽可能减少主观臆测，了解用户的真正需求，从而更好地为不同类型的用户服务。为了更好地创建用户模型，设计师要注意以下几方面：①用户模型的第一信条是"不可能建立一个适合所有人的交互产品"。成功的商业模式通常只针对特定的用户群体，故要有针对性地创建用户模型，以便设计师确定交互产品的功能和用户行为；②用户模型要能引起共鸣，令人感同身受，以便利益相关者、开发人员和其他设计师顺利交流；③促成意见统一，达成共识和承诺，帮助团队内部确立适当的期望值和目标，一起去创造一个精确的共享版本；④创造效率，让每个人都优先考虑有关目标用户和功能的问题。确保从开始就是正确的，为设计者尝试解决设计难题提供有力的现实依据；⑤带来更好的决策。

6.5　任务分析

　　任务分析（task analysis）是指用于描述人们如何工作的一系列技术。它包括程序分析（procedure analysis）、工作分析（job analysis）、工作流程分析（workflow analysis）和错误分析（error analysis）。任务分析指通过问卷调查或开放式访谈来深入理解人们目前如何执行具体任务。任务分析的主要内容有：①用户执行任务的原因（即人物背后的目标）；②任务执行的频率和重要程度；③推动或促使任务执行的因素；④执行任务的要素和完成任务的必备条件；⑤相关人员有哪些，他们的职责和角色是什么；⑥执行具体动作；⑦作出的决定；⑧支持决策的信息；⑨有哪些问题（如失误或意外）。

　　在问卷调查完成或访谈结束后，任务通常会被分解，并分析任务。而分析结果会融入任务分析流程图（图 6－10）。图表能够说明动作之间的关系，还能说明用户与任务流程之间的关系。另外，任务分析是原型设计工作的重要环节，任务分析主要是为了了解用户当前的行为、识别难点所在，以及改进设计的重要途径。然而，任务分析对明确用户目标帮助不大。

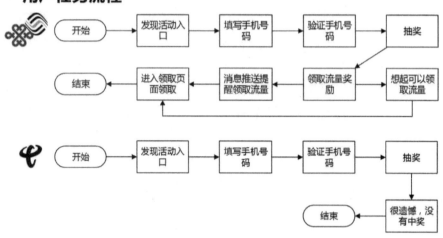

图 6－10　任务分析流程图

作为交互设计师，在设计交互产品之前，需要理清用户、目标、任务，在本章节内容里主要探讨任务分析。目前，常用的任务分析方法主要有：层次任务分析（hierarchical task analysis）与认知任务分析（cognitive task analysis）。这里将主要阐述任务分析中的层次任务分析。

6.5.1　层次任务分析

层次任务分析是从一个具体的目标开始，然后添加这个目标需要的任务或子目标，建立包含各种步骤的任务流程图（图 6－11）。在用户体验设计中，层次任务分析用来研究描述用户为达到目标所进行的一系列任务活动，以及用户与软件系统是如何交互的。

在任务分析中，我们可以通过任务计划将多个子任务组合来描述用户在系统中的实际操作流程。通过层级分析将任务不断分解，逐级细化用户的任务，直至确定用户实际的具体操作。随着任务的细化，设计师对用户和交互产品的理解会越来越清晰。然后再通过任务计划将子任务进行重组，来勾勒出用户实际的操作流程。

以订购电影票的任务流程为例。为了完成这个任务，用户的任务计划为：挑选电影和场次—挑选座位—提交订单—选择支付方式—完成支付。

层次任务分析可以让你尝试探索用户通过不同的方式来完成相同的任务的流程，此处仅以挑选电影和场次为例来说明。对于浏览电影和场次、筛选电影和场次，以及搜索电影和场次任务，用户可以任意执行一个或多个操作，且执行顺序不唯一。挑选电影和场次的用户的任务计划为：①浏览电影和场次—选定电影和场次；②浏览电影和场次—搜索电影和场次—选定电影和场次；③浏览电影和场次—搜索电影和场次—筛选电影和场次—选定电影和场次；④其他组合方式。

由于子任务之间并不是简单的顺序执行流程，所以在设计时，需要考虑让子任务间的流转更容易，以满足这一类的任务计划。

图 6-11 任务层级流程图

6.5.2　任务分析流程

1. 任务测试前的准备

（1）编写任务测试脚本。

任务测试脚本主要是指用户任务测试的一个基本提纲。测试脚本其实就是制定测试任务。任务的制定一般由简至难，或者根据场景来制定。

（2）用户招募和体验室的预定。

用户是必不可少的，进行一场用户任务测试一般需要 6～8 人，根据具体情况可以酌情增减。要选择目标用户，即交互产品的最终使用者或者潜在使用者，如要符合产品的目标用户的年龄层，要符合产品目标用户的男女比例。

2. 进行任务测试

任务测试时需要一名主持人在测试场地主持测试，1～2 名观察人员在观察工作间进行观察记录。因任务测试过程需要录音、录像，以备后期进行分析。测试时，尽量不对用户进行太多的引导，以免影响测试效果。任务测试过程中需要设计师注意以下几点：

（1）向用户介绍任务测试目的、时间、测试流程和规则；

（2）用户签署保密协议，填写用户基本信息表；

（3）给用户营造一种氛围，让用户像在真实的环境下完成任务，并让用户在执行任务的过程中，尽可能地边做边说，说出自己操作时的想法和感受；

（4）基于用户执行过程中的疑惑进行用户访谈，收集用户反馈信息；

（5）进行总结。

3. 测试后总结

测试后需要撰写测试报告，并将测试结果与相关人员进行分享。主持人与观察人员要及时进行沟通，确定主要的可用性问题与一般的可用性问题，并简要地汇总测试报告，以抛出问题为主，不提过多的建议。确认报告内容后，召开会议，将测试结果与产品经理、交互设计师、计算机程序开发人员，以及相关测试人员等进行分享。确定在产品发布前需要进行优化的具体问题，并将对应的问题分类，确定解决问题的方案。

6.5.3　任务分析案例——指尖帝国游戏

指尖帝国游戏的用户交易管理任务操作具体步骤如下：

（1）进入指尖帝国应用首页（图 6 - 12）；

图 6 - 12　指尖帝国应用首页

（2）登录界面（图 6 - 13）；

图 6 - 13　登录界面

（3）点击商城（图6-14）；

图6-14　点击商城

（4）查看充值信息（图6-15）；

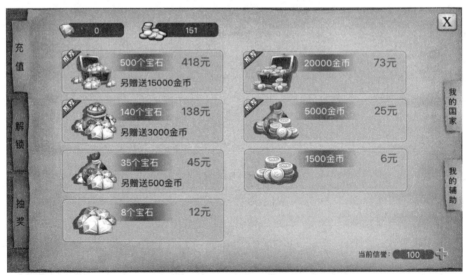

图6-15　查看充值信息

（5）点击确认充值数额（图 6 - 16）；

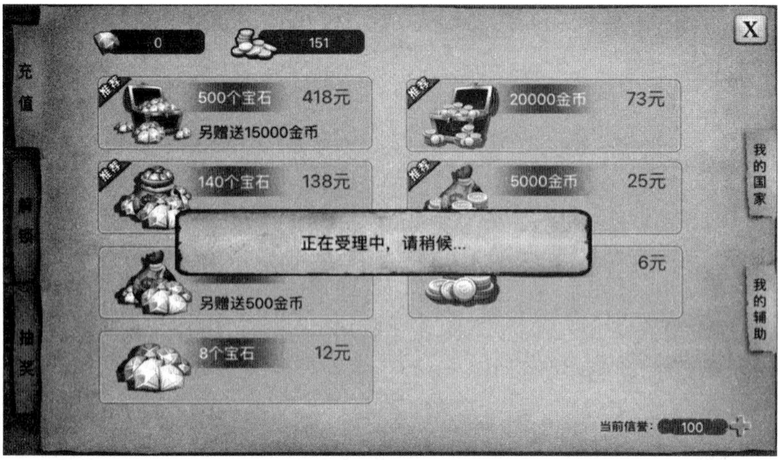

图 6 - 16　点击确认充值数额

（6）确认购买（图 6 - 17）；

图 6 - 17　确认购买

（7）输入密码并确认登录（图6－18）；

图6－18　输入密码并确认登录

（8）支付完成并反馈（图 6 – 19）。

图 6 – 19 支付完成并反馈

通过以上任务操作步骤流程。可从中看出用户在完成每一步任务时会出现新的任务，设计师在设计交互界面时充分掌握用户每一任务的需求，而且对用户的每一需求必须精确掌握，以使用户在操作流程中易用、高效。

6.6 场景模型

场景是指对用户模型在使用产品的具体情境下的行为模式的描述，包括用户模型的基本目标、任务开始存在的问题、用户模型参与的活动及活动的结果。场景可以分为文本型和图示型，使用较为广泛的是文本型场景描述。由于场景与角色关系密切，所以通常场景描述和用户模型可以合并在一个文档中。

图示型场景多用于生产新产品或新概念的项目中，通过图示型场景的方式，能够更好地帮助设计者了解概念或产品的使用环境，发现设计缺陷，优化设计，表达产品的功能和设计概念。故事版是图示型场景的一种表达方式，通过文字和图形描绘出网站或软件的交互场景。故事版重视任务流程的图形化表示，能够帮助设计者了解软件如何工作。与抽象的描述相比，这种方式更加直观且成本低。

6.6.1 场景剧本法

场景剧本法（故事版）是将某种故事性的描述应用到叙述性的设计解决方案当中，主要是模拟用户在使用中遇到的各种问题，在小组讨论中建立一个理想化的设计使用场景，以此来推敲出设计方案应该具有的接触点、服务流程、功能等。

故事版最初源于电影行业，早在 20 世纪 20 年代的时候，迪士尼工作室就常常用故事版来勾勒故事草图。这些草图让电影和动画工作者可以在拍摄之前，初步构建出想要展现的世界。对于交互设计师而言，故事版同样非常有用，产品的使用场景，用户的交互流程，都可借由一系列连续的插画形式呈现出来（图 6 - 20）。

图 6 - 20　通过故事版探索设计方案

故事版有如下特征：

（1）以人为本的设计方法。交互设计师在数据的基础上，加入用户模型，将产品流程整合成故事，让设计人员能够"面对着用户"做设计，并且拿出针对用户的解决方案。故事版能够帮助设计人员了解场景、潜在的语境，以及有待测试的假设。

（2）参与评论。故事版是以团队为基础的设计活动，每个设计人员都能参与进来，都为之提供有用的信息和素材，并进行完善。和电影行业相同，每个场景都应该让团队成员参与讨论，并提出意见和建议。这让设计团队对用户体验的理解更容易，让设计人员更加紧密地围绕着用户构建清晰的体验设计。

（3）迭代。故事版通过迭代不断完善。通过插画勾勒出来的概念设计和交互，让设计人员低成本地测试和探索。毕竟，故事版最开始是粗糙而简陋的，想法和构思需要在不断探索中完善。

为了更好地运用故事版创造出好的交互设计，故事的结构就显得非常重要，那么设计师如何搭建起故事的结构？要将一个故事视觉化地呈现在用户面前，设计师还需要做一些准备工作让故事版有逻辑、易于理解，且具有说服力。设计师需要了解故事的基本元素，并且将其解构成不同的模块，才能让其以令人信服的方式呈现。每个故事都应该具有以下几个基本要素：①角色，即故事中所涉及的具体用户角色。他们的行为、外观和期望，以及在整个流程中所做的每一个决定，都非常的重要。展现角色在整个流程中的体验、内心的想法和决定，都是故事版所需要解决的。②场景，即角色所处的环境。③情节。许多设计师在进行设计的时候，会跳过步骤的前后联系、使用场景和基础的设定与流程，直接进入细节设计，这样做很容易出现问题。故事应该拥有基础架构和剧情，有起因、经过、结果。所以，在故事版当中，应该给所设定的角色一个目标，有一个触发事件，通过执行，完成任务，或者阶段性结束任务，并为角色留下新的问题。

故事版是传统交互设计方法的重要补充工具。通常，原型设计仅仅局限于屏幕环境的设计，忽略了屏幕之外的使用情境，故事版绘制的关键使用场景，有利于我们理解屏幕之外的用户目标和动机。

6.6.2 场景模型的作用

通过场景模拟用户的使用过程，以图片、文字、视频等多种方式作为脚本，通过小组成员的想象增添细节，从用户的使用过程中发现问题，推敲获得解决方案。通过多种场景的模拟，从用户模型的角度来设计最理想的使用流程；通过与现有产品的使用流程来分析总结用户期望，定义用户需求。在得到用户需求后，将其拆分成对象、动作以及情境，最后完成设计框架。在设计的整个过程中，随时将设计带入场景之中，通过迭代设计不断完善产品的设计框架，弥合用户模型和产品需求之间的鸿沟。场景的搭建是为了发现用户可能遇到的问题并解决问题，从而发现需求，然后根据这个需求在模拟的场景中进行进一步设计。

设计师通过场景叙述的方式将任务"情节化"，从而挖掘出用户的真实需求。场景描述的技巧在于体验用户在产品使用过程中的各种情感，然后再从设计师的角度提炼出问题的根源和解决方案。

设计师进行场景描述的具体步骤包括：

（1）背景描述。设计师需要将之前调研和推导所获得的各种数据描述出来。

（2）勾勒场景。经过团队的头脑风暴分析，可以大致地找出一些待选的"使用者地图"，即用户使用产品或者遭遇困难的情景。

（3）确定需求。在整理场景方案时，设计师需要逐一提取人物角色的需求，这些需求包括对象、动作和情境。

（4）设计师将多样化的故事串联到一起，形成产品的使用情节。

情节是故事逐步展开的线索，层层推进的情节能一步步地分解出产品的使用需求，指明设计方向。通过场景剧本，提出设计需求，为场景内出现的意外、问题提供解决方案。也就是说，在这个场景中依次出现的产品功能、服务流程、用户模型为设计提供了需求框架，使更具体的方案得以展开。

第7章

设计评估

　　交互设计是一个迭代过程。通过交互设计评估，可以及早发现设计中的缺陷，进一步完善交互设计。通过评估，也可发现交互设计中可行、友善、合理或优秀的地方，从而为后续产品的交互设计提供借鉴。

　　交互设计评估主要通过可用性评估和测试来找到最佳的交互体验。可用性评估的主要目的是找出可用性方面的问题，即用户能否很好地使用交互产品的各项功能，从用户角度衡量交互产品是否有效、易学、安全、高效、方便记忆、出错少、满意度高等质量指标。用户分析和设计评估贯穿于设计过程的始终，也是原型制作和可用性评估的基础和前提，只有通过用户分析，设计人员才知道用户对界面的特定需求和使用特点，设计师才能在这些问题的基础上制作原型，并对原型进行评估。也可根据用户自身及使用时的特点来对原型的好坏进行评判。

　　那么，怎样对设计方案进行评估？以下介绍几种可用性评估的方法供设计师们参考。

7.1　原型评估与用户测试

在交互设计中，虽然一切可视化设计都是建立在前期调研所得的用户需求上，但难免掺杂着设计人员的主观因素。为了使最终的设计更符合市场趋势与用户期望，需要对设计的原型进行测试、评估。借助一系列评估体系指标，设计师可以对可用性测试结果进行度量，包括定量的指标和定性的指标。不同的指标衡量交互产品或服务的不同方面，例如易用性、可用性、愉悦感等。设计师还可以邀请用户来进行测试，与设计师一起评估设计原型，这一阶段包括设计评估和可用性测试两大部分。

原型评估与用户测试是整个设计流程里最重要的环节，设计团队要非常重视原型评估环节的相关工作。比如，基于高保真原型的用户测试，可以让很多关于需求、功能、界面设计等方面的潜在问题挖掘出来，这类问题往往直接关乎交互设计的成败。

7.2　启发式评估

启发式评估是指一个流程，在这个流程中，评估人员（即用户体验专家）浏览界面并执行一系列操作，从而找出交互过程中所存在的可用性问题，进而修复问题，让用户体验更好。可用性评估专家使用预定的一系列标准来衡量一个设计的可用性，并判断其是否与公认的可用性原则相符。

启发式评估是一种可以非常迅速地解决可用性问题且成本较低的方法。对于启发式评估有十条可用性原则，称为"尼尔森的启发式评估法"，包括：①系统状态的可视性；②系统与真实世界相对应；③用户可以自由控制；

④连续性和标准化；⑤预防错误；⑥可识别性；⑦灵活性与有效性；⑧美学与最简化设计；⑨协助用户；⑩帮助建立文档。

有试验表明，每个评审人员平均可以发现 35% 的可用性问题，而 5 个评审人员可以发现大约 75% 的可用性问题。具有可用性知识又具有和被测产品相关专业知识的"双重专家"是可用性评估的最佳人选，比只具可用性知识的专家多发现大约 20% 的可用性问题。评估人员不能简单地说他们不喜欢什么，必须依据可用性原则解释为什么不喜欢。每人的评估都结束之后，评估人员才可以交流，组织者将独立的报告综合得出最后的报告。在报告中应该包括对可用性问题的描述、问题的严重度及改进的建议。启发式评估是一个主观的评估过程，带有太多的个人因素，因此，无论如何都应该从用户的角度出发，以同理心扮演用户并展开评估。

启发式评估和其他用户体验调研方法一样，都有明确定义的目标，而且需要明确地向评估人员说明。设计师需要决定哪些具体内容要进行检查，并且可以制定一系列任务，要求评估人员执行以便发现可用性问题。每位评估人员都需要了解项目的目标和预期交付成果，以免造成彼此之间的误解。启发式评估与用户测试截然不同，但其中也需要使用数据测试。在评估人员检查界面时，必须与用户的视角和目标一致，而掌握用户目标及其需求是关键。

设计师完成产品用户体验评估后，应汇总结果，删去重复的问题，列出简短的可用性问题清单。评估人员可以用严重性等级标记每个问题的重要性并相应地进行排序。当然，设计师可以根据自身经验和用户数据制订一套适合自己的启发式方法原则，并将其应用到新的功能设计或产品更新中。

7.3　眼动仪测试评估

眼动包括注视与眼跳两种基本运动。眼动仪将眼睛注视点与眼球运动通过圆圈与线段来表示，从而得到眼动轨迹图。当前的眼动仪多是运用红外线捕捉角膜和视网膜的反射原理，来记录用户的眼动轨迹、注视次数、注视时间等数据，以确定参与者在测试过程中注意力的变化路径及注意的焦点。眼动仪可以通过图像传感器采集的角膜反射模式和其他信息计算出眼球的位置和注视的方向，结合精密、复杂的图像处理技术和算法，可以构建出一个注视点的参考平面图。

眼动具有一定的规律性，可以揭示人们认知和加工外界信息的心理机制。因此，研究人的眼动对于优化用户体验具有重大的意义。目前，眼动研究出来的成果已经在心理研究、可用性测试、医疗器械设计和广告效果测试等众多领域发挥着重要作用。在软件和界面可用性研究中，交互设计师可以研究用户在执行任务操作时的视线是否流畅，是否会被某些界面信息干扰等。因此，设计师使用眼动仪来测试评估设计效果有以下几方面作用：①获悉用户浏览的行为和习惯；②帮助研究人员分析与解决问题；③眼动轨迹图是优质的研究结果展示工具，能传达良好的信息；④有利于创建高效的交互界面布局。

同时，应注意眼动测量指标的如下要点：①注视热点图：用不同颜色来表示被试者对界面各处的不同关注度，以直观地看到被试者最关注的区域和忽略的区域等；②注视轨迹：记录被试者在整个体验过程中的注视轨迹，掌握被试者首先注视的区域、注视的先后顺序、注视停留时间的长短以及视觉是否流畅等；③兴趣区分析：考察被试者在每个兴趣区里的平均注视时间和注视点的个数，以及在各个兴趣区之间的注视顺序。

7.4　心理生理测试

用户的心理生理测试是一种通过研究用户的身体提供的信号以深入了解用户心理和生理变化过程的方法。近年来，这种方法越来越受到交互设计研究领域的重视，研究主要涉及脑电描记、皮肤电反应、心率和面部肌电描记技术，最后给出了在交互界面背景下运用这些方法的建议，最终评估设计应用的可行性。

心理生理测试在用户体验评价中具有客观性、连续性、及时性、非侵入性、精密度高等特点优势。但它同时也存在许多局限性：其一，解释生理指标的数据困难，因为大部分心理状态和生理反应之间存在多对一或者一对多的关系；其二，测量生理指标的设备价格昂贵，对设备保修和使用人员的培训投入高；其三，在实验设备和实验阶段需要花费较大的时间和精力等。

心理生理测试的目的在于发现设计的问题，以便更好地进行下一步迭代工作，如果让专业人士或用户凭空提出一些建议，他们可能无从下手，也无法挖掘深入的问题。通过设计一些使用场景或环境，让他们带着任务去发现、分析问题，可以提高测试的效率和准确性。

7.5　认知走查法

认知走查法试图通过假设用户在第一次使用某个产品时的想法以及所采取的行为，来评估设计。运用这种方法，首先，设计师必须确定可能的目标用户，然后选择产品所能支持的某个功能来进行评估。评估的具体过程就是，把用户在完成这个功能时所做的每个动作描述出来。针对用户所做的每一个动作，评估人员要能判断，根据用户的认知水平以及交互界面上的各种信息提示及反馈，用户是否能做出合情合理的操作。

在认知走查法中，评估者使用流程图或低保真原型评估各种情景运行出错的设计问题。该方法首先要定义目标用户、代表性的测试任务、每个任务正确的完成顺序和用户界面，然后走查用户在完成任务的过程中在哪些方面出现问题并提供解释。

通常，认知走查要准备的一系列问题有：①用户能否有达到任务的目的？②用户能否获得有效的行动计划？③用户能否采用适当的操作步骤？④用户能否根据系统的反馈信息完成任务？⑤系统能否从偏差和用户错误中恢复？

认知走查方法的优点主要是能够使用任何低保真原型，但它的缺点是评估人员不是真实的用户，不能很好地代表用户。它只适合评估一个产品的易学习性，因为它考虑的是用户在第一次使用界面时的想法和行为。所以不太容易发现使用效率的问题。

认知走查法的步骤如下：

（1）准备：①定义用户群；②选择样本任务；③确定任务操作的正常序列；④确定每个操作前后的界面状态。

（2）分析：①为每个操作构建"成功的故事"或"失败的故事"，并解释各自的原因；②记录问题、原因和假设。

（3）后续：①理解认知走查后所得到的反馈，用来有效地指导后续的用户操作；②消除问题，修改界面交互设计。

7.6 协同交互法

协同交互法是基于对用户体验一项服务过程的观察。用户被要求执行一个给定的任务，并且边操作边大声叙述每一个操作步骤，使评估人员能倾听并记录用户的想法。两个用户同时与系统交互，能使评估人员更自然地取得结果。

在协同交互过程中，需要实时分析协同活动的任务类型、任务的跳转、活动的时序和活动中各元素的动态变化等特征；对用户的分析，要结合认知心理学，并根据人类交流模型建立协同活动中人类信息处理器模型，对协同过程中用户的感知、识别和行为进行分析，从而总结出用户所使用的界面应具备的功能和交互方式，以及相应的设计原则等。

通过协同交互研究寻求一种在产品交互设计过程中高效的、自然的用户交互体验方式。在设计评估过程中，协同交互的优点有：

（1）测试形式比让单一用户进行格式化的边说边做测试更自然，因为人们习惯于在共同解决问题时把自己的想法讲出来；

（2）减少参与者被周围设备（如录音机等）的干扰，创造更加非正式的自然氛围；

（3）更高效。执行任务相同的情况下，协同交互法可在更短的时间内获得更多的优质回馈。

7.7 可用性测试

关于可用性测试，前面章节已经有所提及，它贯穿于设计流程的始终。设计师应该遵循"时时有测试、事事有测试"的原则。可用性是用户体验设计的最终目标，每一设计环节都必须进行可用性测试。有用性指的是系统能否用于达到某个预期目标，实用性是指系统的功能主体上是否能够做到需要做的事情，可用性则是指用户更好地使用系统功能的程度。可用性测试是测量用户与产品交互特点的一系列技术总称，测试的目标通常是评估交互产品的可用性。它的重点是衡量用户完成具体的、标准化的任务的难易程度，以及在此过程中遇到的问题。其测试结果通常能够揭示用户在理解和使用产品时遇到的问题，同样也能展现用户在哪些方面更易操作成功。

可用性测试适用于人与交互系统的所有方面，包括安装和维护的过程。可用性具有多个组成部分，从传统上来说它与5个可用性属性相关，因此至少要考虑以下5个方面：①可学习性。系统应该容易学习，这样用户才能快速开始使用这个系统来完成某些工作；②高效率性。系统的使用应该具有效率，一旦用户学会使用系统后，就有可能提高效率；③可记忆性。系统应该易于记忆，以便用户离开一个系统一段时间之后能够重新使用这个系统，而不用重新学习一遍；④低错误率。系统应该具有低的错误率，而且必须保证不会发生灾难性事故，这样用户在使用系统的过程中就会少出错，即使出错系统也能够迅速恢复；⑤满意度。用户使用系统应该感到愉快，感到满意，并喜欢这个系统。

可用性测试主要指通过让实际用户使用产品或原型来发现界面设计中的可用性问题。下面简单介绍进行可用性测试时的要点。

（1）招募测试用户。招募测试用户的主要原则是，这些用户要能够尽可能地代表将来真实的用户。如果系统的主要用户是新手，那么就应当选择一些对于系统不熟悉的测试用户。在实际操作中，也可以委托一些专门负责可用性测试的咨询公司来负责招募测试用户。

（2）选择测试地点和记录方法。

（3）测试前的准备。测试人员在测试前需要准备好一些要求用户完成的任务，这些任务应当是一些实际使用产品中的典型任务。另外，在开始之前，可用性测试的主持人应当明确地告诉用户，这个测试的目的是发现交互产品中的问题，而不是要测试用户是否有能力来很好地使用产品。清楚地说明这一点将有助于减轻用户的压力，使他们能像在实际环境中一样来使用交互产品。

（4）测试过程。可用性测试的基本过程是，用户通过操作产品来完成所要求的任务，同时观察人员在一旁观察用户操作的全过程，并把发现的问题记录下来。可用性测试的主持人应当要求用户在操作的过程中采用"发声思维"的方法，即在使用产品的同时说出自己的思维过程，比如为了完成某个任务，用户想先做什么，后做什么，为什么要做某个动作等。

在测试的过程中还需要注意，除非用户完全无法继续下去，否则不要给用户任何提示或暗示。任何提示都有可能帮助用户找到正确的操作方法，从而无法暴露出原本可以发现的问题。

（5）测试结束时的活动。在测试结束时，主持人或观察人员可以询问用户对于产品整体的主观看法或感觉。另外，如果用户在测试的过程中没有完全把思维的过程说出来，此时也可以询问用户当时的想法和思维，询问他们做出那些操作的原因和动机。

（6）事后的研究和分析。在可用性测试结束之后，所有的观察人员把各自的记录进行汇总并加以分析，产生出一份产品的可用性问题列表，并对每个可用性问题的严重程度进行分级，以使设计人员根据项目进度来有序地处理问题。

可用性测试需要在较为完善和连贯的设计成品上进行。不论测试对象是软件或者其他交互产品，还是可点击的产品原型或纸质模型，测试关键在于验证某个交互产品的设计效果。这意味着，可用性测试要放在设计的后期，在有了连贯的设计概念和充分的细节来构造原型后再展开。

第8章

界面设计案例解析

本章通过对游戏界面交互设计的阐述，对界面设计要点的分析，对游戏创作原理和设计思想以及技术进行深入分析、归纳，理清游戏界面交互设计的脉络，总结交互设计在游戏界面中的应用规律，探讨人机交互界面设计的构建与创意方法。通过举例分析图8-1、图8-2的游戏界面交互设计来解析其设计的几个要点，希望这些优秀的游戏界面设计能给大家一些启发。

图8-1　游戏界面（一）

图 8-2　游戏界面（二）

8.1　界面主题

从图 8-1、图 8-2 的界面就可以轻松地发现这是游戏界面。这说明界面设计者明确自己所做应用界面的主题，明确自己所服务的用户群体是热爱游戏的人，所以设计的发展方向就是给这个用户群体提供操作界面上的便利。

8.2　界面设计

1. 间距

由于受电脑屏幕的限制，设计师对界面上安排的内容需进行有效的规划，既不能给用户产生一种极其空洞的感觉，又要防止出现一堆繁琐的信息而让用户眼花缭乱。设计师需要做的就是控制好各个版面之间的间距和版面内各个内容之间的距离。确定游戏界面的版块数量，并对功能版块进行大致区分，如导航目录、用户线上交流区、交易区、状态栏、用户信息栏等，方便用户进行扫视型的浏览。

2. 字体

由于游戏界面是一个娱乐性的交互界面，所以字体的形式可以不用像新闻资讯界面一样采用标准的字体（宋体）。不过标准字体的排版清晰简明，所以有的界面设计者并没有采用其他的艺术字体。

游戏界面，在设计中可适当采用一些花哨的字体和大小不同的字号，界面正文内容可采用宋体便于用户快速便捷地浏览阅读。对于页面重要消息，可以采用加粗的字体。各个同等级的标题可采用相同的字体、字号。经过这样处理，整个页面变得简洁明快。

3. 图形图像

图像对游戏的界面处理是非常重要的。界面图像可起到突出主题的作用，让用户第一时间便明白该应用的用途，毕竟图像的信息传达比文字要快。各个图像的功能也随图像的摆放位置相应地体现了出来，例如吸引目光、指引界面、分割版块等。

4. 色彩设计

游戏界面属于娱乐界面，而不是严肃的新闻界面，所以它的界面色彩可以丰富一些，交互设计师可以利用色彩传达情感。

游戏界面设计以主色调统一色彩关系和界面，辅以点缀小块色彩，以丰富界面层次。同时还要注意用色彩搭配突出游戏主题和企业品牌。

5. 窗口排布

从图 8-1~图 8-3 中的游戏界面可以看出，界面的总规划首先采用的是上下型的分布，再在下面局部采用左右排布形式，然后采用了一个主窗口进行图片展示。对于一个新闻界面来说，一个展示新闻图片的窗口也是可以的，但是如能在主窗口边再加上几个小窗口就更好了，毕竟这样能传递更多信息。

6. 元素搭配

界面包含文字、图形图像、超链接等元素。

　　界面元素搭配必须是在理解涵义和背后所蕴含的文化内涵符合用户视觉流程和用户心理，并结合用户体验设计的易用性、可用性、识别性等的基础上，创造出和谐、美观的游戏界面，为用户带来愉悦、高效的游戏体验。

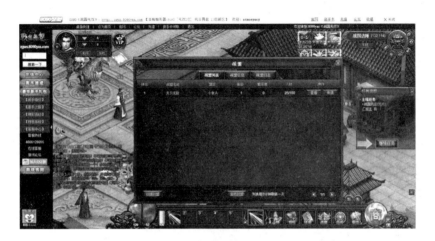

图 8－3　游戏界面（三）

参考文献

［1］唐纳德·A. 诺曼. 设计心理学［M］. 北京：中信出版社，2010.

［2］蒋晓. 产品交互设计基础［M］. 北京：清华大学出版社，2016.

［3］由芳，王建民，肖静如. 交互设计思维与实践［M］. 北京：电子工业出版社，2017.

［4］［美］艾伦·库伯. 交互设计精髓［M］. 北京：电子工业出版社，2015.

［5］［美］威尔森. 重塑用户体验［M］. 北京：清华大学出版社，2010.

［6］［英］迈克尔·萨蒙德. 国际交互设计基础教程［M］. 北京：中国青年出版社，2013.

［7］阿西 UED. 交互设计那些事儿［M］. 北京：电子工业出版社，2016.

［8］［英］大卫·伍德. 国际经典交互设计教程：界面设计［M］. 北京：电子工业出版社，2015.

附录

专业词汇解释

1. 交互设计

交互设计，又称"互动设计（interaction design，IxD）"，是定义、设计人造系统行为的设计领域。在于定义人造物的行为方式（the"interaction"，即人工制品在特定场景下的反应方式）的相关的界面。交互设计师首先进行用户研究相关领域的探索，以及分析潜在用户，设计人造物的行为，并从有用性、可用性和情感因素等方面来评估设计质量。

2. 用户体验

用户体验（user experience，UE）是用户在接触产品、系统、服务后，所产生的反应与变化，包含用户的认知、情绪、偏好、知觉、生理与心理、行为，涵盖产品、系统、服务使用的前、中、后期。用户体验是一种在用户使用一个产品（或服务）的过程中建立起来的纯主观的心理感受。个体差异决定了每个用户的真实体验是无法通过其他途径来完全模拟或再现的。但是对于一个界定明确的用户群体来讲，其用户体验的共性是能够经由良好设计的实验来模拟的。用户体验主要来自用户和人机界面的交互过程。现在流行的设计过程注重以用户为中心。

用户体验是个人主观感受，但是共性的体验是可以经由良好的设计提升的。用户体验旨在提升用户使用产品的体验。互联网企业中，一般将视觉界面设计、交互设计和前端设计都归为用户体验设计。一名优秀的用户体验设计师，实际上需要对界面、交互和实现技术都有深入的理解。

3. 服务设计

服务设计（service design）是有效地计划和组织一项服务中所涉及的人、基础设施、通信交流以及物料等相关因素，从而提高用户体验和服务质量的设计活动。服务设计以为客户设计策划一系列易用的、满意的、值得信赖的、有效的服务为目标，广泛地运用于服务业的各个领域。服务设计既可以是有形的，也可以是无形的；用户体验的过程可能在医院、零售商店或是街道上，所有涉及的人和物都为落实一项成功的服务发挥着关键的作用。服务设计将人与其他因素（如沟通、环境、行为、物料等）相互融合，并将"以人为本"的理念贯穿于始终。

简单来说，服务设计是一种设计思维方式，是人与人一起创造的，目的是改善服务体验。它强调合作以使得共同创造成为可能，让服务变得更加有用、可用、高效、有效和被需要，是全新的、多学科交融的综合领域。服务设计的关键是：①以用户为先；②追踪体验流程；③涉及所有接触点；④致力于打造完美的用户体验。

4. 设计管理

设计管理（design management）就是："根据使用者的需求，有计划、有组织地进行研究与开发管理活动，有效地积极调动设计师的开发创造性思维，把市场与消费者的认识转换在新产品中，以新的、更科学的方式影响和改变人们的生活，并为企业获得最大限度的利润而进行的一系列设计策略与设计活动的管理。"

设计管理的定义最早由英国设计师米歇尔·法瑞（Michael Farry）于1966年提出："设计管理是在界定设计问题，寻找合适的设计师，且尽可能地使设计师在既定的预算内及时解决设计问题。"他把设计管理视为解决设问题的一项功能，侧重于设计管理的导向，而非管理的导向。

5. 设计思维

设计思维（design thinking）作为一种思维的方式，它被普遍认为具有综合处理能力的性质，能够理解问题产生的背景，能够催生洞察力及解决方法，并能够理性地分析和找出最合适的解决方案。在当代设计和工程技术以及商业活动和管理学等方面，设计思维已成为流行词汇，它还可以更广泛地应用于描述某种独特的思考方式——"在行动中进行创意思考"，在 21 世纪的教育及训导领域中有着越来越大的影响。在这方面，它类似于系统思维，因其独特的理解和解决问题的方式而得到命名。

6. 设计战略

设计战略（design strategy）是在符合和保证实现企业使命条件下，确定企业的设计开发与市场环境的关系，确定企业的设计开发方向和竞争对策，确定在设计中体现的企业文化原则，根据企业的总体战略目标，制订和选择实现目标的开发计划和行动方案。

设计战略是企业根据自身情况作出的针对设计工作的长期规划和方法策略，是对设计部门发展的规划，是设计的准则和方向性要求。设计战略一般包括产品设计战略、企业形象战略，还逐步渗透到企业的营销设计、事业设计、组织设计、经营设计等方面，与经营战略的关系更是密切。设计战略的目的是要使各层次的设计规划相互统一、协调一致。

7. 用户研究

用户研究（user research）是以用户为中心的设计流程中的第一步。它是一种理解用户并将用户的目标、需求与商业宗旨相匹配的理想方法。用户研究的首要目的是帮助企业定义产品的目标用户群，明确、细化产品概念，并通过对用户的任务操作特性、知觉特征、认知心理特征的研究，使用户的实际需求成为产品设计的导向，使产品更符合用户的使用习惯和期望。

8. 视觉设计

视觉设计（visual design）是针对眼睛功能的主观形式的表现手段和结

果。界面视觉设计，作为视觉设计的一个分支，又叫"图形用户界面（graphical user interface，GUI）"设计，包括网页视觉设计和各类手执系统（手机、Pad 等）的界面视觉设计（不含交互与体验），是近些年兴起的新兴设计学科。

与早期计算机使用的命令行界面相比，图形界面对于用户来说在视觉上更易于接受。以用户为中心的视觉设计，要考虑关注用户及其任务，考虑功能和形式的统一，从用户的视角看问题，使常用的用户任务简单化，保持一致性。

9. 用户界面

用户界面（user interface，UI）其实是一个比较广泛的概念，指人和机器互动过程中的界面。以汽车为例，方向盘、仪表盘、换挡器等都属于用户界面。

现在一般把屏幕上显示的图形用户界面（GUI）都简单称为"UI"。所以现在一般所说的"UI 设计师"，也是指"GUI 设计师"，即图形用户界面设计师，主要是负责产品或是网站的图形图标色彩搭配，让其所设计的网站看起来具有相应的风格与气质。

注：以上内容部分摘自互联网。

后　记

在互联网信息日益全球化的今天，交互设计已经成为互联网企业生产经营的基本手段。为了在激烈竞争中生存和发展，所有的互联网企业都把交互设计当作重中之重。本书探索研究了怎样创造愉悦的用户体验以及高效的交互设计方法，并归纳了交互设计整体流程的原则和方法，给设计人员提供全局性的方法和理论指导。用户体验是艺术、交互及技术的统一。用户体验研究工作不仅可以从设计的角度，还可从技术角度进行探索。世界IT界领军企业在用户体验技术方面的研究已有了巨大的进展，相关新技术的出现为用户体验的进一步提高提供了可能。随着企业对用户体验越来越重视，国内对用户体验的研究也将会更加深入。

随着网络和新技术的发展，新产品和交互方式越来越多，人们也越来越重视对交互的体验。交互体验可以融入不同的环境、不同的领域。在信息化飞速发展的时代，人们往往只注重物质需求，而忽略精神层面的需求。在如今的生存环境下，人人都顶着不小的压力。洛可可设计公司创始人贾伟认为，人们应该多关注与心灵的交互、与自然的交互。他希望每个人把交互的概念应用到空间、时间。当然，交互设计不是简单的二维界面设计，它是多维的立体空间的设计。设计师要转变设计思维，坚持以用户需求为核心，创造出高效的用户体验。

本书运用以用户体验为核心的分析方式，涉及产品交互设计开发的各个领域，涵盖对用户需求的调查与探究、设计概念的产生和实现、可行性的测试与分析、原型设计和设计评估等方面。对每一项都进行了独立分析，详尽地论述了设计流程与设计的方法，为交互设计师提供具有较高价值的理论参考。